单片机毕业设计　课程设计　电子设计竞赛　指导丛书

单片机设计实例选集（一）

编　著　楼然苗　李光飞
　　　　陈庭勋　胡佳文

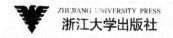ZHEJIANG UNIVERSITY PRESS
浙江大学出版社

内容提要

本书是用于指导大学生进行单片机设计实践训练而编写的教学参考指导书。《单片机设计实例选集》内容包括了单片机在地球磁场方位角测量、GPS 信息显示处理、调频频率发射控制、波形产生控制、语音录放控制、超声波测距、温度测量、LED 点阵字符显示、LCD 波形显示、远程设备电话遥控、无线数据传送、直流电源控制、电子万年历等不同方向的设计应用例子，因设计内容较多，篇幅较长，所以分几册出版，本册编写的 4 个例子，文本按毕业设计报告格式编写，分别是船用磁罗经数字转换器的设计应用、基于 GPS 的电子海图仪关键技术研究、小功率数控调频电台的设计、基于 DDS 技术的数控信号发生器的设计。因毕业设计报告格式在不同学校或同一学校不同年份会有变化，因此编写的每个实例章节格式规范不求一致，但主体内容基本是相同的，其中一些与作者相关的不重要章节内容，如"小结"、"致谢"等没有编在书中。

本书可作为高等院校电类专业学生进行单片机毕业设计的指导用书，也可作为单片机课程设计或大学生参加电子设计竞赛等实践活动的教学辅导用书。

图书在版编目（CIP）数据

单片机设计实例选集 . 1 / 楼然苗等编著 . —杭州：浙江大学出版社，2014.3
ISBN 978-7-308-12975-6

Ⅰ . ①单… Ⅱ . ①楼… Ⅲ . ①单片微型计算机
Ⅳ . ① TP368.1

中国版本图书馆 CIP 数据核字（2014）第 043598 号

单片机设计实例选集（一）

编著　楼然苗　李光飞　陈庭勋　胡佳文

责任编辑	吴昌雷	
续 设 计	刘依群	
出版发行	浙江大学出版社	
	（杭州市天目山路 148 号　邮政编码 310007）	
	（网址：http://www.zjupress.com）	
排　　版	杭州立飞图文制作有限公司	
印　　刷	富阳市育才印刷有限公司	
开　　本	787mm×1092mm　1/16	
印　　张	20.5	
字　　数	498 千	
版 印 次	2014 年 3 月第 1 版　2014 年 3 月第 1 次印刷	
书　　号	ISBN 978-7-308-12975-6	
定　　价	39.00 元	

前　言

　　毕业设计作为大学生专业学习的最后一门学分课程，其完成质量的好坏，不仅反映了学生在校专业学习与应用的能力水平，更体现了一个学校的办学质量。对电气信息类专业学生来说，用单片机来进行一个实际的电气或电子控制系统设计是非常适合作为毕业设计选题的。作者多年来从事高校单片机教学工作，每年带学生做单片机设计方向的毕业设计，学生不仅能认真完成设计任务，而且期间对单片机强大的自动控制功能表现出了浓厚的兴趣，大多数学生表示电气信息类的学生必需学好单片机设计这门重要的核心基础课，为此，作者整理了多年来的单片机类毕业设计报告，经编辑修改后出版，供广大高校学生与教师参考交流。

　　本书编写了单片机毕业设计的 4 个例子，分别是船用磁罗经数字转换器的设计应用、基于 GPS 的电子海图仪关键技术研究、小功率数控调频电台的设计、基于 DDS 技术的数控信号发生器的设计。全书按每个实例分章节编写，内容包括摘要、绪论、设计方案分析、硬件电路设计、程序软件设计、调试与性能指标、小结、参考文献、附录等，可作为学生学习或撰写单片机类毕业设计报告的参考格式。

　　本书适合作为高等院校电类专业学生进行单片机毕业设计的指导用书，也可作为单片机课程设计或作为大学生参加电子设计竞赛等科技实践活动的教学辅导用书。

　　本书由楼然苗、李光飞、陈庭勋、胡佳文编著，实例三与实例四编写时参考了作者指导过的陈安同学、李智谋同学的毕业设计报告，刘玉良、单海校等老师也参与了审稿与校对工作，在此表示感谢！

　　本书出版得到了浙江大学出版社的大力支持与帮助，在此表示衷心感谢！

作者 2014 年 1 月

于浙江海洋学院

目　　录

实例一　船用磁罗经数字转换器的设计应用

实例二　基于 GPS 的电子海图仪关键技术研究

实例三　小功率数控调频发射器的设计

实例四　基于DDS技术的数控信号发生器的设计

实例一

船用磁罗经数字转换器的设计应用

摘　要

　　磁罗经在航船上的应用已有很久的历史，相对于现代的电罗经而言，具有价格便宜、性能稳定、经久耐用、不需电源等优点，因此在一些中小型渔货船上被广泛使用。但由于磁罗经安装在固定的地方，航行时查看需走近观察磁针的指示角，使用较为不便，并且由于眼睛视角的关系，读数误差也具有不确定性。为了解决这个问题，本文通过设计一个磁罗经数字转换器，将其安装在磁罗经刻度盘的上表面中心位置，通过转换器内部两个相互垂直的磁信号感应器，将磁罗经磁针的磁场强度转化为两个相互垂直方向的电压量，再经过电压信号放大及模数转换，得到两个与船位（纵向与横向）方向相关的磁场强度数字量，通过计算这两个磁场强度的反正切程序就可以算出船舶与地球磁北方向的角度，可以用数字量的方式直接进行显示或送到雷达、电子海图等设备进行航行信息的集中显示，从而提高了磁罗经读数的准确性与使用的方便性。

　　磁罗经数字转换器的主要电路模块由磁阻传感器、微处理器、LED 显示器、数据通讯接口、稳压电源五部分组成。其中传感器采用意法半导体公司的传感器芯片 LSM303DLH，它集磁场与重力加速度检测于一体，具有同时输出三轴磁场强度和三轴重力加速度数据的功能。考虑在线装载程序调试的要求，微处理器选用宏晶公司的 32 脚方形贴片 STC12LE5608AD 单片机，该单片机内部自带 10 位的高速模数转换器，运算速度可达每秒 10 万次。三位 LED 红色数码管显示器的作用是直接显示磁北角度的整数值。带小数位的磁北角数据由单片机串口输出，而且语句格式符合 IEC61162-1（NMEA0183兼容）国际标准，可供船上其他设备显示所用。电源部分采用二级稳压，第一级产生 3.3V电压供单片机与传感器使用，第二级 1.8V 电压供传感器 LSM303DLH 使用。

　　磁罗经数字转换器经测试，可适合在市场上所有的国内外磁罗经上应用，使用效果良好，其主要特点有：转换数据稳定可靠、分辨率 0.1 度、转换精度 ±1.5 度、LED 数码管直接显示且亮度四档可调、数据输出波特率四档可选、信息输出刷新率可调、安装位置误差可调等特点。

　　关键词：单片机；磁罗经；数字化；转换

ABSTRACT

There is a long history since the application of magnetic compass on the ship, compared with modern gyrocompass, it takes the advantage of cheap, stable, durable and without of power, which be used in small or medium-sized ship wildly. However, due to magnetic compass installed in a fixed place, when looking over the instructions angle, you need to close it, and in the case of view angle, the error is uncertain. In order to solve the problem, designing a magnetic compass digital converter, fixing it on the middle place above the surface, through the two magnetic signal sensors which mutually perpendicular in the converter, converting the magnetic field strength of the magnetic compass needle into two mutually perpendicular directions voltage, and through voltage signal amplification and analog-to-digital conversion, obtained two magnetic field strength digitals related to ship's position (vertical and horizontal) direction , by calculating two arctangent program of the magnetic field strength, can calculate the angle of the bow and the Earth north magnetic, and can display directly or send to radar or electronic chart apparatus for displaying the sailing information through number digital, improved the veracity and conveniences of magnetic compass reading.

The digital converter in point is composed of a sensor, a microprocessor, a 3-bit LED display and a power circuit. The sensor is chosen as LSM303DLH chip manufactured by ST Microelectronics corporation with the function of outputting three-axis magnetic field strength and three-axis acceleration of gravity at the same time, i.e. by which both the magnetic field and the acceleration of gravity can be obtained. The microprocessor chip is STC12LE5608AD produced by Hong Jing Company, with 32 feet and square patch small package. STC12LE5608AD has also a 10-bit analog-to-digital converter inside, with a speed of 10thousand/Sec supporting to load and debug program online. A 3-bits red LED digital tube displayer on the magnetic compass digital converter is used to display the integer value of the magnetic north angle directly. Through LSM303DLH chip' s serial port output the decimal part of the magnetic north angle can also be displayed, and the statement format meets international standard IEC61162-1 (NMEA0183 compatible), guaranteeing the universal application to other devices on the ship. The power part is designed to produce two-level output voltage, 3.3V and 1.8V, and supply electricity for the SCM chip and the

LSM303DLH sensor, respectively.

The magnetic compass digital converter can be used in all of magnetic compassed at home and aboard in market through test, and get the good effect, the feature includes: convert date stably and reliably, 0.1 resolution, 1.5 degree conversion accuracy; LED digital tube display directly and with adjustable brightness function; with four gears serial port output baud rate adjustable function; information output resolution adjustable; installation position error electronic adjustment function.

Key words: single chip microcomputer; magnetic compass; digitization; convert

第 1 章

绪 论

1.1 课题背景

目前船用罗经主要有电罗经和磁罗经,其中电罗经的价格在几十万元左右,精度较高,而机械平衡式指针磁罗经的价格一般在 2000~5000 元。由于磁罗经价格低廉且性能稳定,在中小型航船上被广泛使用,但磁罗经使用时需要安装在固定的地方,查看读数很不方便,并且读数目视误差较大,其本身也不具备信息输出接口,不方便船舶航行信息的集成应用。

磁罗经数字转换器内部至少有两个相互垂直安装的磁场信号传感器,从而可以将磁罗经刻度盘上表面的磁场大小转化为两个相互垂直的电压输出分量,再经过线性放大及微处理器内部的模数转换,得到两个纵向与横向方向的磁场强度数字量,通过计算得出罗经指针方位角,因而可以用数字量的方式直接显示或送到雷达、电子海图等设备进行航行信息的集中显示。磁罗经数字转换器通过微处理器中计算程序的修改,也可以单独作为水平方向的电子指南针应用,具有较好的应用市场,目前国内只有少数几家公司生产。作为海洋产业较发达的浙江省,拥有较多的航行船队与修造船企业,仅舟山市就拥有 8000 多条渔船,而每条渔船上一般均安装有磁罗经设备,因此开发数字化的船用磁罗经转换器产品具有经济效益前景。

1.2 国内外发展概况

1.2.1 磁罗经

磁罗经是在中国古代发明的指南针技术的基础上逐步发展演变而来的一种用于指示地球磁北方位的设备。目前,它的最多应用是在船舶航行上,主要用于航向的控制及其他目标物的方位测定的辅助应用。磁罗经的基本组成结构一般有固定台、水平平衡环装置、磁棒、指示刻度盘、校正装置五大部分。磁罗经工作时,通过地球磁力场使磁棒的两端分别指向地球的南北磁极，从而带动刻度盘转动达到磁北方向指示的目的。在古代，由于航运业的渐渐兴起，航船上逐渐使用了磁罗经来导航，而早期的飞机也曾装有磁罗经来辅助航行。经过长期的结构性能改进，目前磁罗经的指向精度一般可以达到1~3度，磁罗经已成为一种性能稳定的船舶航向与方位信息助航工具，国内外有许多的厂商生产磁罗经设备。国内的生产公司有天津市凌津工贸发展有限公司、上海驭洋船舶电子设备有限公司、广州中海电信无线电修理厂等。由于磁罗经具有价格便宜、性能稳定、维护简单、使用寿命长以及能在水平极坐标上给出地理方位角等优点，磁罗经在中小型航船上的应用较为普及。在国际海事组织《SOLAS公约》中，规定凡150总吨及以上的船舶都应配装一台标准磁罗经或至少配装一台合适的操舵罗经[1]，在我国的船舶安全检验规范中，也明确要求配备磁罗经作为防备万一的安全保证[2]，否则就签不出适航证书。

1.2.2 陀螺罗经

由于磁罗经受地理环境和地球磁场的影响较大，要做到精确测量是较为困难的，特别是在吨位较大的钢铁船上，测量的精度影响更大。因此需要研制一种精度更高的方位测量设备。陀螺罗经就是其后研制的一种最为精确的导航设备。陀螺罗经对地磁场不具敏感性，它是通过对地球自转角速度的测量和跟踪获得真北方向的。目前陀螺罗经主要有三大系列，其中世界上最早的陀螺罗经是德国的安修茨在1908年研制成功的[3]。这是一种单转子液浮陀螺罗经，其后改为三转子液浮陀螺罗经，后又改进为双转子陀螺球，最后在1930年制成双转子液浮陀螺罗经并形成安修茨系列。美国的斯佩里在1909年也研制成功了第一台采用钢丝悬挂支承代替液浮支承的陀螺罗经，并形成了斯佩里系列多种产品。另外一个系列是由英国的布朗在1912年研制成的，其特点是陀螺球采用液浮，用扭丝定位支承，我国九江中船仪表有限责任公司生产的HLD005型陀螺罗经就属该布朗系列陀螺罗经产品。

陀螺罗经可分为摆式罗经和电磁控制罗经两类。电磁控制罗经与摆式罗经相比具有体积小、性能好、使用方便、易于快速实现稳定等优点。布朗系列陀螺罗经产品一般都采用电磁控制系统。随着技术的不断发展进步，20世纪70年代后，一些新型陀螺罗经产品也得到了开发应用，如双态罗经、激光罗经。新型罗经的精度一般都在±0.1度以内，并且具有小型化、数字化及高性能特点，广泛应用在大型船舶及军用舰船上。由于陀螺罗经的价格昂贵，一般均在几十万元以上，在一般的中小型船舶上较少装备。

1.2.3 电子磁罗经

电子磁罗经也叫数字罗经，它的应用始于20世纪70年代前后。电子磁罗经一般是由磁性传感器、运放电路、模数转换器、微处理器、电源电路五大模块组成。电子磁罗经的最大特点是重量轻、体积小、精度较高。通常情况下电子磁罗经的方位精度可以达到±0.8度至±0.5度，另外还有无机械磨损零件、能自动消除磁差等优点。电子磁罗经能数字化显示方位信息，并可通过数据线进行有线或无线的传送，一般在陆上应用较多。

目前的电子磁罗经按照传感器的种类不同可分为磁通门型电子罗经、霍尔型电子罗经、磁阻型电子罗经三类。

采用磁通门技术测电磁场强度的应用最早出现于 20 世纪 30 年代初，它可以用来测量恒定和低频率的微弱磁场，它依靠感应线圈感应出随环境磁场变化而变化的谐波电动势这一特性，再经过高性能的磁通门处理电路测量出偶次谐波分量值，从而确定环境磁场的强度大小。磁通门型电子罗经要测定地球磁场的方向时必需使用双路传感器，传感器保持在同一平面上，感应方向应相互垂直。同时还需要测倾仪算出水平面的倾斜度，通过计算两路传感器输出的电压值及倾斜度可获得地球磁场的方向。磁通门型电子罗经产品国内生产厂商很少，一般使用进口产品。如美国 KVH 公司的 KVH-C100DE 型数字电子磁罗经，价格一般在 6000 元左右，分辨率为 0.1 度，精度可达 ±0.5 度。由于磁通门响应时间较长，高速航行的船舶或飞机不太适合使用磁通门型电子罗经。

霍尔型电子罗经是通过测量霍尔传感器输出的电压大小来计算外部地球磁场的方向的。我国在 20 世纪 90 年代曾研制过一台霍尔型电子罗经，但最后未能得到推广应用。目前常见的霍尔型电子罗经是美国 PNI 公司应用于汽车市场的 TMC 系列，该系列中最高的精度为 ±0.8 度，分辨率为 0.1 度。

磁阻型电子罗经采用磁阻材料作为地球磁场测量的传感器。磁阻材料早在两千年前就被发现应用。在 20 世纪 70 年代，经研究发现了一种新型薄膜磁阻材料。当一段长而薄的铁磁合金带在长度方向施加一个电流时，如果在垂直于电流的方向上有磁场的变化，那么铁磁合金的电阻会发生很大的变化 [4]。根据这个特点形成了桥式磁阻传感器。磁阻传感器工作时需要加工作电源，并且在受到强磁场干扰后需要复位置位脉冲电路才能正常测量。新型磁阻传感器的出现为电子罗经的开发应用提供了良好的条件，学术界的理论研究也很多 [5-59]。理论研究的重点集中在磁阻传感器不同厂家型号的应用、不同微处理器对信号采集与转换办法、地磁场方位计算方法、自差消除方法等等。目前国内用得较多的传感器是美国霍尼韦尔公司的产品。磁阻型电子罗经的精度可达 ±0.5 度，并且由于响应时间短，可使用在高速运动的航船或飞机上。

1.2.4　磁罗经转换器

磁罗经转换器是为了克服磁罗经使用不便、读数较为困难、所指示的航向信号不能数字化输出等缺点而研制的。目前国内的磁罗经数字转换器生产厂商主要有深圳市的海科船舶工程有限公司、上海市的直川信息技术有限公司、烟台市的天晟电子科技有限公司 [60-68]，等等。这些磁罗经转换器产品采用双轴磁阻传感器设计，由小信号电压放大器进行模拟放大，最后经过模数变换并计算出磁罗经的指针方位角度，电路结构相对比较复杂。通过查阅李希胜等多名作者写的关于电子磁罗经设计研究的多篇参考文献，认为采用新型数字磁传感器模块 LSM303DLH 来设计磁罗经数字转换器，不需要外部运算放大器电路进行信号电压处理，仅用一颗芯片就实现了 6 轴的数据检测和输出，降低了应用时的电路设计难度，减小了 PCB 板的占用面积，降低了器件成本，能方便用户在短时间内设计出低成本、高性能的磁罗经数字转换器。

根据作者 2012 年 5 月 29 日委托教育部科技查新工作站的科技查新报告结论显示（报告编号 20123600GN010604，查新项目名称：基于 LSM303DLH 的磁罗经数字转换器设计）："在国内公开发表的中文文献中，采用 LSM303DLH 芯片作为磁罗经数字转换器应用研究，除委托人外，未见他人文献具体述及"。因此选择该研究课题具有一定的创新性。

1.3   课题主要研究内容

船用磁罗经数字转换器课题论文主要的研究内容分为六部分：

第一部分绪论主要介绍磁罗经的发展应用演变历史，以及本研究课题需要解决的问题。

第二部分介绍磁罗经转换器总体设计方案。分别对设计中所用到的微处理器、传感器芯片、通讯接口芯片、电源芯片进行了性能描述，并且对编程语言、软件应用平台选择、主要控制程序模块进行了介绍。

第三部分详细介绍磁罗经转换器硬件电路。包括微控制器电路系统设计原理、LSM303DLH 传感器电路设计原理、RS-485 接口电路设计原理、LED 显示电路设计原理、电源电路设计原理。

第四部分详细介绍磁罗经数字转换器中微控制器程序的设计思想，并分析了程序代码，主要内容有程序定义部分、初始化过程、LSM303DLH 传感器读写程序、数据存储与读出程序、自差校正程序、功能设定程序、磁北角计算程序以及主循环程序等。

第五部分介绍磁罗经数字转换器的开发调试过程及主要的产品指标性能，主要内容有电路图设计、PCB 电路板设计、程序的编写调试、综合测试及产品电性能指标。

第六部分对课题论文进行了一个总结，指出了产品设计存在的不足。

在附录部分介绍本课题研究取得的相关学术论文、专利证书以及科技查新报告书，主要有课题研究论文一篇、专利授权证书四项、课题科技查新报告书两项。

1.4   设计指标要求

船用磁罗经转换器课题研究的目标是设计出应用产品，主要设计技术指标为：

（1）电源电压：5~15 V 直流输入。

（2）电源电流：输入直流小于 40 mA

（3）信号接口：RS-485。

（4）输出信息格式：符合 IEC61162-1（NMEA0183 兼容）国际标准。

（5）输出波特率：4800 baud/s，或可选。

（6）分辨率：0.1 度（LED 直接显示为 1 度），转换精度优于 ±1.5 度。

（7）数据输出刷新率：15 Hz。

1.5 课题研究的关键技术

船用磁罗经数字转换器课题研究的关键技术主要是：

（1）解决 C 语言环境下微处理器的程序编写、调试、运行等软件可靠性问题，测试数据的精度与一致性问题。

（2）解决双层电路板设计技术及生产装配工艺的科学性，新器件的应用可靠性测试等问题。

1.6 课题研究的创新特点

采用 LSM303DLH 新型传感器设计的船用磁罗经转换器具有以下特点：

（1）读取时间短，转换数据不受温度影响。

（2）磁罗经数字转换器只要更新软件程序也可作为电子罗经应用，理论上在 ±90 度的俯仰角及倾角下也能正常使用。

（3）具有产品设计硬件及软件的实用专利授权。

第 2 章

磁罗经转换器总体设计方案分析

磁罗经数字转换器电路板采用双面板设计，电路的实现功能主要有：三位 LED 航向显示（0~360 度），且亮度四级可调；信息输出为串口 RS-485 格式，符合 IEC61162-1 国际标准，数据输出为四位，其中包括一位小数位；设有一个调整按键，用于 LED 亮度调整、安装位置校正、输出数据波特率调整、输出数据刷新率调整等功能；电源电路设计时主要考虑船用供电的特点，设计的直流电压输入范围为 5~15 V，可适合船上的 13.8 V 直流直接接入，也可通过市售的小电源适配器（5~12 V 直流输出）接入 220 V 的交流供电；为了符合磁罗经表面位置的安装及线性读取磁指针的磁性强度，船用磁罗经数字转换器外壳设计为小圆柱形状，外壳直径约 5 cm、高 2.5 cm，壳底中间有 5 mm 的内凹圆，内凹圆直径为 3.5 cm 左右，外壳整体为防水设计。

2.1 磁罗经转换器硬件电路的组成

图 2-1 是采用 LSM303DLH 传感器的船用磁罗经转换器硬件电路系统整体结构框图。系统主要由微处理器电路模块、磁传感器电路模块、RS-485 接口电路模块、七段 LED 发光二极管显示器模块及电源变换器模块组成。

2.1.1 微处理器电路

微处理器采用宏晶公司的 STC12LE5608AD 单片机，采用 32 脚的 LQFP-32 方形贴片封装，其运算速度为每秒 10 万次；电源电压为 2.2~3.6 V，时钟频率为 0~35 MHz，速度相当于普通 51 系列单片机的 0~420 MHz；内部数据存储器为 768 Byte，程序存储器为 8K Byte；内带 8 路 10 位 AD 转换器。由于宏晶高速单片机无须专用编程器，可通过串

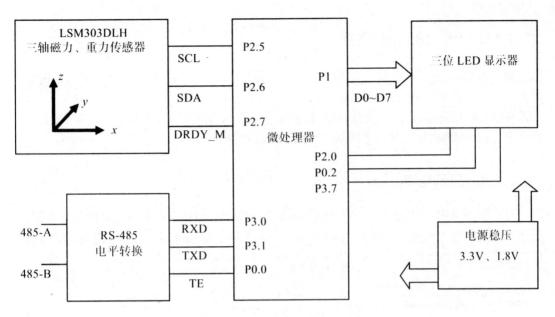

图 2-1　磁罗经转换器硬件电路系统结构框图

口 (P3. 0 /P3. 1) 直接下载用户程序，在开发阶段尤为方便。主要资源使用情况为：P1 口用于 LED 显示器的段码输出，P2.0、P0.2、P3.7 为 LED 扫描口；串行口用于航行角的信息输出；P2 口的三个端口用于与 LSM303DLH 传感器的 I²C 通信；P3.4 口接一个按键小开关，用于功能设定与校正；P0.0 口用于 RS-485 芯片的使能控制。

2.1.2　磁性传感器

　　磁性传感器采用 LSM303DLH，LSM303DLH 是意法半导体公司于 2010 年 1 月推出的一款集三轴磁性传感器和三轴重力加速度传感器合二为一的高性能传感器模块。采用 I²C 数据总线读写信息数据；磁性传感器的测量范围共分 7 档，从最低 1.3 高斯到最高 8.1 高斯；重力加速度传感器的检测范围为 2 到 8 个地球重力加速度，可用程序设置选择；LSM303DLH 内部的磁性传感器具有较好的线性度，它在 20 高斯以内的磁场强度下都能保证测量数据的正确性及一样的分辨率灵敏度，最小分辨率为 8 毫高斯；为了保证对磁场强度的精确测量，LSM303DLH 内部使用了 12 位模数转换器。同样其内部的重力加速度传感器处理电路也应用了 12 位的模数转换器，可以实现千分之一单位重力加速度的灵敏度测量；重力加速度传感器可设定在低功耗运行方式，也可进行休眠与唤醒控制，能极大地减少器件的消耗功率。LSM303DLH 传感器与霍尔传感器相比，具有数据读取时间短、分辨率高、转换数据不受温度影响、功率消耗少等优点。LSM303DLH 传感器在应用设计时，重力加速度传感器与磁传感器的输出数据线可采用并接的办法，通过写入不同的地址可读取相应的信息数据。

2.1.3　RS-485 接口电路

接口电路采用常用的 SP3485EN 芯片，工作电源为 +3.3 V，可与 +5.0 V 的逻辑电路共同工作，具有输出端口的短路保护电路，最多能在一条串行线上并接 32 个收发芯片。该芯片电路应用简单，有一个使能位来控制收发状态。当要发送数据时，使能端 TE 置为高电平，而使能端 TE 为低电平时则芯片处于接收数据的状态。

2.1.4　显示电路

显示电路采用三位主动发光的七段共阳 LED 显示器，以适合夜间航行时的观察需要。由于单片机的输出电流足以驱动 LED 发光，所以省却了驱动电路，发光电流用电阻加以限定。采用定时器逐位扫描的方法进行航行角的动态显示，显示度数为 0~360 的整数。

2.1.5　电源电路

电源电路采用两片 LM1117MP 稳压芯片，其输入电压范围为直流 5~15 V，最大输出电流 1 A，输出稳压分别为直流 3.3 V 和 1.8 V，采用级连完成两组稳压输出。

2.2　磁罗经转换器的控制软件构架

磁罗经数字转换器控制软件主要用于微处理器的运行计算，由于在计算磁罗经指针磁场方位角时要用三角函数的运算，决定采用 C 语言编程，编译平台选择 Keil-C51 软件，主要的控制程序有：初始化程序、磁场数据读出程序、磁北角计算程序、格式输出控制程序、显示程序及自差校正程序等。

2.2.1　初始化程序

控制程序的初始化工作主要是对一些变量单元进行初值设定、I^2C 通信总线初始化、设定 LSM303DLH 地磁传感器的寄存器工作参数以及串行口波特率设定等等。

2.2.2　磁场数据读出程序

磁场数据读出程序采用主动式连续读取模式，LSM303DLH 地磁传感器工作于最快的转换速度状态，微处理器不断读取实时的磁场数据，通过计算求得磁北航向角，在微处理器使用 12 MHz 晶振时，读取一次并计算出角度的时间约为 55 ms。

2.2.3　磁北角计算程序

LSM303DLH 磁性传感器内部有重力加速度和磁场强度的三轴输出功能，在磁罗经转换器中由于机械平衡环装置使得磁罗经处于水平状态，因而 M_z 近似为零可忽略不计，如图 2-2 所示，可根据磁罗经磁场在磁传感器水平平面 M_x、M_y 方向的分量大小，经自差校正变换后求得磁北方向与航行方向的夹角 θ。

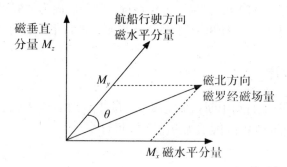

图 2-2　磁传感器水平、垂直分量与磁罗经磁场强度的关系图

为了消除两个水平方向的传感器对同一磁场强度输出不一致的数据或由于外界固定磁场影响，在计算磁北角时必须进行自差校正补偿。在船上安装好磁罗经转换器后先必须要让船体慢速绕行两圈或慢速转动磁罗经两圈，磁罗经转换器内部程序会将水平方向及垂直方向测量到的最大值与最小值保存在储存器中，在正常工作模式下，测量到的实时水平磁场数据 M_x 与垂直磁场数据 M_y 先进行以下等值程序计算校正变换：

$$H_x =(M_x-((\mathrm{max\_}M_x+\mathrm{min\_}M_x)\div 2))\div(\mathrm{max\_}M_x-\mathrm{min\_}M_x) \tag{2.1}$$

$$H_y =(M_y-((\mathrm{max\_}M_y+\mathrm{min\_}M_y)\div 2))\div(\mathrm{max\_}M_y-\mathrm{min\_}M_y) \tag{2.2}$$

经自差校正后的水平磁场分量值 H_x 与垂直磁场分量值 H_y 可按以下公式求出磁北角，程序计算公式为：

如 $H_y>0.0$，则　$\theta=90.0-\mathrm{atan}(H_x\div H_y)\times(180.0\div \mathrm{PI})$ $\qquad$ (2.3)

如 $H_y<0.0$，则　$\theta=270.0-\mathrm{atan}(H_x\div H_y)\times(180.0\div \mathrm{PI})$ $\qquad$ (2.4)

如 $H_y=0.0$，且 $H_x<0.0$，则 $\theta=180.0$ $\qquad$ (2.5)

如 $H_y=0.0$，且 $H_x\geq 0.0$，则 $\theta=0.0$ $\qquad$ (2.6)

最后，为了取得与磁北指向读数要求的规范数据（由正北按顺时针方向为 0~360 度）将以上运算数据按以下公式调整就可得到磁罗经数字化的数据，调整公式为：

如 $\theta<270.0$，则　$\theta=\theta+90.0$ $\qquad$ (2.7)

如 $\theta\geq 270.0$，则　$\theta=\theta-270.0$ $\qquad$ (2.8)

磁北角的输出数据在主程序处理时采用了多个数据求平均值的方法，以提高精确度并减少干扰数据的影响。在主程序中对连续的 10 个测量数据求得的磁北角进行平均值的计算，对个别相差特别大的数据进行丢弃，以保证读取数据的有效性。由于航船在行驶中转向缓慢，因此每秒钟 4 次以上的数据刷新率就已足够保证使用。

2.2.4 格式输出控制程序

磁罗经数字转换器输出的语句格式为 IEC-61162-1 标准。语句标准格式为 "$+ 标志字符 5 个 + 逗号 + 数据整数位字符 3 个 + 小数点 + 小数位字符 1 个 + 逗号 +M 标识字符 1 个 + "*" 号 + 校验码字符 2 个 + 退格回车符 2 个"，共 19 个 ASCⅡ 码，如 "$HCHDM,108.1,M*21"。其中 "$HCHDM" 为格式标志符，后面俩逗号之间为信息数据，表示航向角为偏北 108.1 度，"M" 为标识符，"*" 后面为 "$" 与 "*" 之间的所有 ASCⅡ 码的异或校验和。信息输出采用 RS-485 电平，波特率一般为 4800Baud/s。

2.2.5 显示程序

显示程序采用定时器自动中断扫描完成，三位共阳 LED 发光管显示器显示航偏角的整数部分，控制扫描的间隔时间能使显示器的亮度可变。

2.2.6 自差校正程序

当磁罗经安装在船上时，由于安装位置的不同造成船体铁质对磁罗经的磁体产生附加的磁场干扰，从而使不同的磁罗经型号及安装位置发生变化时磁罗经上表面磁场的方向及大小都会发生变化。因此，在安装一个新的磁罗经数字转换器时，要对该磁罗经磁场实际测量到的最大值及最小值进行测试与存储，从而确定在当前环境及该磁罗经下的磁传感器二路数据输出的最大值与最小值。在以后的计算中，处理器会将二路实际测得的数值进行等比变换，从而准确求出船体与磁北方向的夹角大小。

第 3 章

磁罗经转换器硬件电路设计

磁罗经数字转换器电路功率消耗较小，体积也应尽量小，因此电路板采用双层元件安装，除接插件外的电子元件全部采用贴片封装结构，按功能模块可由微控制器电路、传感器电路、接口电路、显示电路和电源电路等五部分组成。

3.1 微控制器电路系统设计原理

单片机 STC12LE5608AD 贴片封装为 32 引脚结构，图 3-1 左侧为主控制器的外围电路接线图，右侧为元件封装图。元件在电路板的位置布局一般设计在边沿，中心位置留给传感器芯片，这样有利于磁罗经中心磁场的对称并有良好的线性。单片机控制系统电路主要有：

（1）电源系统：由单片机的第 28 脚与 12 脚输入 3.3 V 的电源电压，第 28 脚为正极，第 12 脚为负极接地。单片机的供电引脚附近并联一个 0.1 μF 的退耦小电容。

（2）时钟系统：STC12LE5608AD 单片机的指令执行周期绝大多数为单周期指令，因此使用了 12 MHz 的外接晶振，在晶振的两端各接一个 27 PF 的瓷片电容，有利于时钟信号的稳定，如后期程序调试中发现速度不够快，可将晶振改为 24 MHz。

（3）复位电路，单片机的常规复位电路为外部复位，STC12LE5608AD 单片机内带硬件复位电路，因此将 31 引脚的原外部复位口直接接一个 10 kΩ 的电阻至地线，使用单片机内部硬件复位。

（4）I^{2}C 通讯口：单片机与传感器的数据通讯采用 I^{2}C 方式，电路中使用单片机的第 11 脚及 13 脚分别作为传感器的磁强度及加速度大小数据读写的时钟口及数据口，另外第 14 脚为专门读取传感器数据是否准备好端口，当读到高电平时说明传感器数据已准备好。

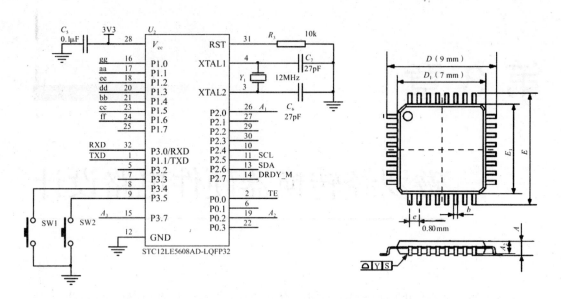

图 3-1　单片机主控制系统电路

（5）串行接口电路：接口电路主要是为了从串行口送出四位符合 IEC-61162-1 标准语句格式的磁罗经方位角信号，信号最后输出电平采用 RS-485 方式，单片机的串行口使用了第 32 脚与第 1 脚，32 引脚为串口接收端，第 1 脚为串口发送端。另外，为了控制电平转换芯片 SP3485 的接收与发送状态，使用第 2 引脚作为芯片 SP3485 的接发控制端口，当输出为低电平时为接收数据状态，而高电平时为发送数据状态。

（6）LED 显示电路接口：磁罗经转换器设有三位 LED 发光数码管显示电路，可以直接显示船舶的航向角，为了简化电路设计采用了动态扫描的显示方式，因为显示数据为0-360 度的整数值，不需要显示小数点，因此数据输出口只要 7 个端口就够了，图 3-1 中单片机的 P1 口的 P1.0~P1.6 口为 LED 数码管的数据段码输出口，P2.0、P0.2、P3.7 为LED 正电源扫描口，端口设置在推挽输出状态时可输出 20 mA 的电流。

3.2　传感器电路设计原理

图 3-2 左侧为 LSM303DLH 传感器电路连接图，右侧为元件的封装图。由于内部数字电路与模拟电路采用不同电源电压，所以需双路供电，其中模拟电源电压为 2.5 ~3.3 V，数字 IO 口的电源电压为 1.8 V。LSM303DLH 传感器的满量程磁场范围为 ±1.3~ ±8.1 高斯共七档，可用软件设置。重力加速度动态可选满量程为 ±2G、± 4G、±8G 三档，也可用软件设定。LSM303DLH 传感器采用 16 位数据输出，具体电路使用引脚为：第 6 脚为模拟电源接入端，接 3.3 V 电源；第 7 脚为保留引脚，接 3.3 V 电源；第 17 脚为保留引脚，

接地；第12与16引脚为置位/复位设定用，用0.22μF的电容相连；第15引脚接4.7μF的电解电容至地；第28、第1、第3引脚为保留引脚，需接地；第2引脚为电源地；第10、第11、第13、第14引脚为保留引脚需悬空；第4引脚为线性加速度I²C信号的设备有效位地址（SA0），直接接地；第26与第27引脚为惯性中断口，不使用时悬空；第18引脚为磁信号接口的数据准备好测试点，当端口高电平时说明数据准备好了；第20、第19引脚分别为磁信号接口的I²C串行时钟口与磁信号接口的I²C串行数据口；第24、第25引脚分别为加速度信号接口的I²C串行时钟口与加速度信号接口的I²C串行数据口；第22引脚为线性加速度信号接口的I/O引脚的电源；第21引脚为磁传感器数字电源（1.8V）；第23与第5引脚为保留引脚，分别接数字信号接口电源（1.8V）；磁数据I²C口与加速度数据I²C口并接使用，读数据时用地址区分读的是磁数据还是加速度数据。

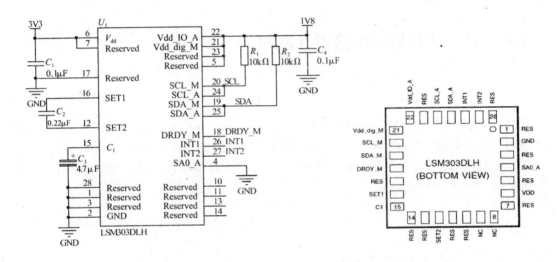

图 3-2 LSM303DLH 传感器电路图

3.3 RS–485 接口电路设计原理

图 3-3 为 RS-485 电平转换电路原理图。考虑到接口与微控制器 3.3 V 电源的匹配，芯片采用了 SP3485EN 贴片封装，电源电压也为 3.3 V。SP3485EN 是半双工电平转换芯片，当输出 485 电平信号时，使能引脚 2 与 3 需为高电平。当接收 485 电平信号时，使能引脚 2 与 3 需为低电平。为了防止输出端口接入异常高电压，在 485 输出口并联了一个过压保护管，一般保护电压选择为 15~30 V。另外在电源引脚处接一个小的滤波电容，防止器件信号引起电源间的串扰。由于船用磁罗经转换器只输出信号，在电路板设计时单片机的接收端（RXD）与 SP3485EN 的第 1 脚可不连接（图 3-3 中的 JP1 跳线断开）。

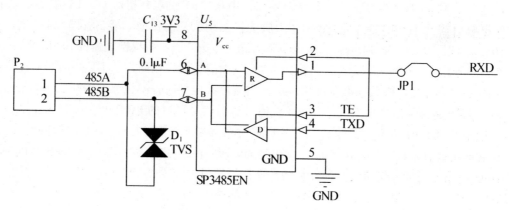

图 3-3　RS-485 电平转换电路

3.4　三位 LED 显示电路设计原理

图 3-4 为三位 LED 显示电路原理图。LED 数码管采用三位一体的小体积共阳管封装，型号为 MT0253LBH。MT0253LBH 不带小数点显示，在限流电阻为 1K 时，每个 LED 段码的点亮电流约为 1.5 mA。如实际应用中感觉亮度还不够，可减小限流电阻的阻值。限流电阻采用 2 个贴片排阻。MT0253LBH 的三根电源引脚 A1、A2、A3 分别与单片机的 P2.0、P0.2、P3.7 相连。

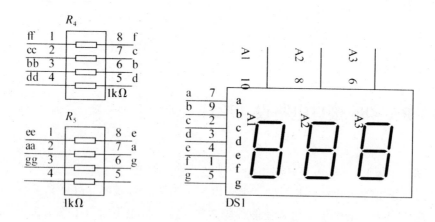

图 3-4　LED 显示电路原理图

3.5　电源电路设计原理

图 3-5 为电源电路的原理图。为了提供磁罗经转换器中的两组稳定电压，采用了两级稳压电路，第一级使用 LM1117I-3.3 稳压电路，第二级为 LM1117I-1.8。LM1117I 系列最大输入为 15 V，温度范围为 -40~125℃，输出最大电流为 1 A，滤波电容采用钽贴片电容，参数要求分别为输入端 100μF，C 封装，耐压 25 V；3.3 V 端为 470μF，A 封装，耐压 10 V；1.8 V 端为 100μF，A 封装，耐压 10 V。

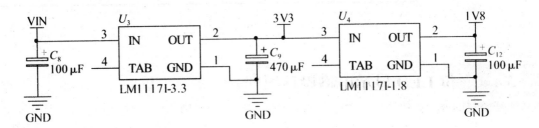

图 3-5　电源电路

第 4 章

磁罗经转换器控制软件设计

磁罗经数字转换器的控制软件采用 C 语言编写，编译器使用 Keil_C51 软件平台，程序在编写时按"由粗到细、由主到子、分段调试"的原则，由于宏晶单片机可通过串口在线下载程序实时运行，因此编程调试时十分方便，程序编译完成后的代码大小为 4752 字节，内存空间使用为 143 字节。

磁罗经数字转换器的控制软件组成部分主要有：定义部分、初始化程序、传感器读写程序、非易失数据存储程序、自差校正程序、功能设定程序及主循环程序等等。

4.1 定义部分

定义部分是单片机 C 程序首先必须编写的内容。磁罗经数字转换器控制软件须定义的内容主要有以下四部分：

4.1.1 文件包含部分定义

文件包含部分定义有：单片机头文件 <STC12C5620AD.H>、数学函数库程序头文件 <math.h>、标准输入输出函数库程序头文件 <stdio.h>、内部函数库程序头文件 <intrins.h>。

4.1.2 宏定义

宏定义部分主要有：圆周率常数、无符号字符型、无符号整型、无符号长整型、flash 存储中要使用的寄存器操作常数、存储地址常数、求平均值次数常数、延时时间常数以及 I²C 通讯操作中要使用的接收模式、发送模式、带应答接收模式、等待模式、读模式、编程模式、擦除模式等常数定义。

4.1.3 端口部分定义

端口部分定义有：LED 显示器段码数据输出端口、三个 LED 共阳扫描端口、三个 I²C 通讯端口、一个按键端口、RS485 使能端口。

4.1.4 内存变量定义

全局内存变量定义有：三个 LED 显示数据字节、一个计数字节、六个磁场数据与加速数据整型字节等等。

4.2 初始化程序

初始化程序是主循环程序工作之前须先运行的一些设置程序，磁罗经数字转换器控制软件中的初始化程序主要有以下几部分：

4.2.1 内存数据使用单元初值设定

内存数据使用单元定义有：字符型循环量计数 2 个、字符型按键状态值与按键时间 2 个、字符型串口发送数据缓存单元 14 个、整型临时数据暂存单元 1 个、实型数据暂存单元 2 个、整型求平均值暂存数据单元数组 1 个。

4.2.2 单片机端口设定

单片机端口设定有：将 LED 扫描输出口 P0.2、P2.0、P3.7 及 I²C 通讯用端口 P2.5、P2.6 端口设为推挽输出状态，其他端口为默认弱上拉状态。P0 口输出设为低电平，P2.0 设为低电平，P3.7 设为低电平，其他端口为高电平输出状态。

4.2.3 单片机控制寄存器设定

单片机控制寄存器设定有：定时模式寄存器 TMOD 设定为八位自动重装模式，开放定时器 0 中断。其中定时器 0 为动态扫描用，每 250μs 中断一次，对三位共阳数码管轮流进行点亮。而定时器 1 作为串行口通讯的波特率发生器用，波特率默认为 4800 Baud/s。

4.2.4 控制数据设定

控制数据的设定有：LED 亮度控制数据初值、按键状态字初值、按键按住时间计数初值等。LED 亮度控制数据值为 0~3，代表四档亮度，其中 0 为最亮状态，3 为最暗状态，电源上电时默认值为 0，LED 显示器为最亮状态。

4.2.5 其他初始化调用程序

其他调用的初始化子程序还有：串行口初始化程序、I²C 初始化程序、传感器寄存器初始化程序、读 Flash 存储器程序。

串行口初始化程序是将单片机串口设为方式 1 通讯方式，计算出波特率为 4800 Baud/s 并使用 12MHz 晶振时的定时器初始值，以下为串行口初始化 C 程序源码：

```
void UART_initializtion(void)
{
    AUXR  = 0x40;
    SCON  = 0x52;
    TMOD  &= 0x0F;
    TMOD  |= 0x20;
    TH1   = 178;                    // 4800 Bds at 12.000MHz
    TR1   = 1;
}
```

I²C 初始化程序是将数据端口及时钟端口置为高电平状态。LSM303DLH 传感器寄存器初始化程序主要内容是：对重力加速度传感器设置为电源开启、允许三轴重力加速度输出、加速度数据连续更新、量程为 ±2g、开启自检；对磁传感器设置为数据输出速率为最大 75 Hz、量程为 ±1.3 Gauss、连续转换模式、启用内部稳压，6 个数据寄存器同步锁定，以下为 LSM303DLH 传感器寄存器初始化程序 C 程序源码：

```
void LSM303DLH_init(void)
{
    uchar d;
    d=0x2F;//0x27;
    I2C_run(I2C_SEND,0x30,0x20,&d,1);
    // 重力传感器正常电源模式，允许三轴重力加速度
    d=0xC0;//0x40;
    I2C_run(I2C_SEND,0x30,0x23,&d,1);
    // 重力传感器数据连续更新，量程为 ±2g，自检开启
    d=0x18;//0x14;
    I2C_run(I2C_SEND,0x3C,0x00,&d,1);// 磁传感器数据输出速率为最大 75HZ
    d=0x20;
    I2C_run(I2C_SEND,0x3C,0x01,&d,1);// 磁传感器量程为 ±1.3 Gauss
    d=0x00;
    I2C_run(I2C_SEND,0x3C,0x02,&d,1);// 磁传感器连续转换模式
```

```
    d=0x06;
    I2C_run(I2C_SEND,0x3C,0x09,&d,1);
// 磁传感器启用内部稳压，6 个数据寄存器同步锁定
}
```

读 Flash 存储器程序主要是读出校正时的三个磁场强度的最大值及最小值，共 6 个双字节数据，以下为 Flash 存储器读程序的 C 程序源码：

```
void Flash_read (void)
{
    max_Mx = IapReadByte (IAP_ADDRESS+0) | ((int)IapReadByte (IAP_ADDRESS+1)<<8);
    max_My = IapReadByte (IAP_ADDRESS+2) | ((int)IapReadByte (IAP_ADDRESS+3)<<8);
    max_Mz = IapReadByte (IAP_ADDRESS+4) | ((int)IapReadByte (IAP_ADDRESS+5)<<8);
    min_Mx = IapReadByte (IAP_ADDRESS+6) | ((int)IapReadByte (IAP_ADDRESS+7)<<8);
    min_My = IapReadByte (IAP_ADDRESS+8) | ((int)IapReadByte (IAP_ADDRESS+9)<<8);
    min_Mz = IapReadByte (IAP_ADDRESS+10) | ((int)IapReadByte (IAP_ADDRESS+11)<<8);
}
```

4.3　传感器读写程序

磁罗经数字转换器中单片机与 LSM303DLH 传感器的通讯是 I^2C 方式。主通讯程序由多个环节操作完成通讯过程，主要的 I^2C 通讯功能程序有以下几个部分：

4.3.1　I^2C 开始程序

I^2C 开始程序用于启动一次通讯过程，也就是产生 I^2C 总线通讯的起始条件。当时钟线（SCL）处于高电平期间，如数据线（SDA）出现下降沿时就启动 I^2C 总线通讯，以下为 C 程序源码：

```
/****************************************************************
程序：I2C_Start()
****************************************************************/
void I2C_Start()
{
    I2C_SDA = 1;   delay_us(10);
    I2C_SCL = 1;   delay_us(10);
    I2C_SDA = 0;   delay_us(10);
    I2C_SCL = 0;   delay_us(10);
}
```

4.3.2 I²C 停止程序

I²C 停止程序用于中止 I²C 通讯过程，当时钟线（SCL）处于高电平期间，如数据线（SDA）出现上升沿时就停止 I²C 总线通讯，以下为 C 程序源码：

```
/*************************************************************
程序：I2C_Stop()
*************************************************************/
void I2C_Stop()
{
    I2C_SDA = 0;  delay_us(10);
    I2C_SCL = 1;  delay_us(10);
    I2C_SDA = 1;  delay_us(10);
}
```

4.3.3 读取从机应答位程序

I²C 通讯过程中有时要知道从机是否成功地接收到了主机的数据，需要用到应答程序，从机在收到每一个字节后都要产生应答位，主机如果没收到应答则应当终止传输，以下为读取从机应答位 C 程序源码：

```
/*************************************************************
程序：I2C_GetAck()
返回：  0 — 从机应答
        1 — 从机非应答
*************************************************************/
bit I2C_GetAck()
{
    bit Ack;
    I2C_SDA = 1;  delay_us(10);
    I2C_SCL = 1;  delay_us(10);
    Ack = I2C_SDA;
    I2C_SCL = 0;  delay_us(10);
    return Ack;
}
```

4.3.4 主机应答程序

主机应答程序是主机收到从机数据时发给从机的应答信号，用于通知从机主机是否成功接收到从机数据，主机在收到每一个字节后都要产生应答，在收到最后一个字节时，应当产生非应答，主机应答 C 程序源码如下：

```
/*****************************************************************
程序：I2C_PutAck()
参数：Ack = 0：主机应答
      Ack = 1：主机非应答
*****************************************************************/
void I2C_PutAck(bit Ack)
{
    I2C_SDA = Ack;   delay_us(10);
    I2C_SCL = 1;   delay_us(10);
    I2C_SCL = 0;   delay_us(10);
}
```

4.3.5 I²C 写程序

写程序是用于向 I²C 总线写 1 个字节的数据，在时钟的下降沿传送每个位，其 C 程序源码如下：

```
/*****************************************************************
程序：I2C_Write()
*****************************************************************/
void I2C_Write(unsigned char dat)
{
unsigned char t = 8;
do  {
    I2C_SDA = (bit)(dat & 0x80);
    dat <<= 1;
    I2C_SCL = 1;   delay_us(10);
    I2C_SCL = 0;   delay_us(10);
    } while ( --t != 0 );
}
```

4.3.6 I²C 读程序

读程序用于主机读取从机 1 个字节的数据，读取前先将数据线置高电平，在时钟高电平时读入，其 C 程序源码如下：

```
/***********************************************************************
程序：I2C_Read()
返回：读取的个字节数据
***********************************************************************/
unsigned char I2C_Read()
{
unsigned char dat;
unsigned char t = 8;
I2C_SDA = 1;          // 在读取数据之前，要把 SDA 拉高，使之处于输入状态
do  {
    I2C_SCL = 1;  delay_us(10);
    dat <<= 1;
    if ( I2C_SDA ) dat++;
    I2C_SCL = 0;  delay_us(10);
    } while ( --t != 0 );
return dat;
}
```

4.3.7 I²C 总线收发程序

I²C 总线收发程序用于向 LSM303DLH 传感器进行数据的读写，运行时需要 5 个参数传递，分别是操作模式、从机地址、子地址、数据缓冲区、数据长度。操作模式分为接收模式、发送模式、带应答接收模式。C 程序源码如下：

```
/***********************************************************************
程序：void I2C_run()
说明：参数 Mode 是操作模式，决定 I2C 总线收发格式。常见的收发格式有种，具体如下：
        0 —接收模式，格式：S | SLA+R | Data... | P
        1 —发送模式，格式：S | SLA+W | Addr | Data... | P
        2 —带 Sr 接收，格式：S | SLA+W | Addr | Sr | SLA+R | Data... | P
***********************************************************************/
bit I2C_run
(
    unsigned char Mode,        // 操作模式
    unsigned char SLA,         // 从机地址
    unsigned char Addr,        // 子地址
    unsigned char *Buf,        // 数据缓冲区
    unsigned char Size         // 数据长度
)
```

```
    {
// 启动 I2C 总线
        I2C_Start();
        if ( Mode != I2C_RECV )
        {
// 发送 SLA+W
            I2C_Write(SLA & 0xFE);
            if ( I2C_GetAck() )
            {
                I2C_Stop();
                return 1;
            }
// 发送子地址
            I2C_Write(Addr);
            if ( I2C_GetAck() )
            {
                I2C_Stop();
                return 1;
            }
            if ( Mode == I2C_SEND )
            {
// 发送数据
                do
                {
                    I2C_Write(*Buf++);
                    if ( I2C_GetAck() )
                    {
                        I2C_Stop();
                        return 1;
                    }
                } while ( --Size != 0 );
// 发送完毕
                I2C_Stop();
                return 0;
            }
            else
            {
```

```
            I2C_Start();          // 发送重复起始条件
        }
    }
// 发送 SLA+R
    I2C_Write(SLA | 0x01);
    if ( I2C_GetAck() )
    {
        I2C_Stop();
        return 1;
    }
// 接收数据
    for (;;)
    {
        *Buf++ = I2C_Read();
        if ( --Size == 0 )
        {
            I2C_PutAck(1);        // 接收完最后一个数据时发送 NACK
            break;
        }
        I2C_PutAck(0);
    }
// 接收完毕
    I2C_Stop();
    return 0;
}
```

4.4　数据存储程序

　　单片机 STC12LE5608AD 具有 4K 的数据 Flash，可用作数据的非易失性保存，在磁罗经数据转换器中需要将 LSM303DLH 传感器在安装环境中的最大值及最小值保存在非易失性存储器中，数据 Flash 共分 8 个扇区，每个扇区为 512 字节，开始地址为 0000H，结束地址为 0FFFH。磁罗经数字转换器中需要存储的数据一般存放在第一扇区的 0000H 开始地址处，存放时低字节在低地址，高字节在高地址处。表 4-1 为单片机 STC12LE5608AD 内部 EEPROM 各扇区地址表。

表 4-1 STC12LE5608AD 内部 EEPROM 各扇区地址

第一扇区		第二扇区		第三扇区		第四扇区	
起始地址	结束地址	起始地址	结束地址	起始地址	结束地址	起始地址	结束地址
0000H	1FFH	200H	3FFH	400H	5FFH	600H	7FFH
第五扇区		第六扇区		第七扇区		第八扇区	
起始地址	结束地址	起始地址	结束地址	起始地址	结束地址	起始地址	结束地址
800H	9FFH	A00H	BFFH	C00H	DFFH	E00H	FFFH

单片机 STC12C5608AD 中与 EEPROM 读写有关的寄存器有 6 个，分别是读写数据寄存器 "ISP_DATA"、读写地址高字节寄存器 "ISP_ADDRH"、读写地址低字节寄存器 "ISP_ADDRL"、读写命令寄存器 "ISP_CMD"、读写触发寄存器 "ISP_TRIG"、存储操作控制寄存器 "ISP_CONTR"。

4.4.1 读写数据寄存器

读写数据寄存器 ISP_DATA 是存储数据时的中间寄存器，存储数据时先将要存储的数据放入 ISP_DATA，启用存命令后 ISP_DATA 中的数据存入 EEPROM。读存储器时，在写入读命令后，从 ISP_DATA 中取得所要的读出数据。

4.4.2 读写地址寄存器

读写地址为双字节，高字节地址寄存器为 ISP_ADDRH、低字节地址寄存器为 ISP_ADDRL。写存储器时先将扇区地址首地址分别放入 ISP_ADDRH 与 ISP_ADDRL，然后启动写命令，将最多一个扇区的数据连续写入 EEPROM。读存储器数据时，将要读出的数据所在扇区首地址放入 ISP_ADDRH 与 ISP_ADDRL，然后连续读出该扇区中的数据。

4.4.3 读写命令寄存器

读写命令寄存器为 ISP_CMD。共有三类操作状态，当 ISP_CMD 寄存器中值为 1 时为读字节状态；当 ISP_CMD 寄存器中值为 2 时为存储字节状态；当 ISP_CMD 寄存器中值为 3 时为擦除扇区字节状态；数据 Flash 中的数据都是按扇区为单位进行擦除的，擦除后内部存储单元的所有位全为 1 状态，同样读写也是以扇区为单位进行的。

4.4.4 读写触发寄存器

读写触发寄存器 ISP_TRIG 是用来控制启动 EEPROM 读写的，当分别放入控制字节 46H、B9H 后，CPU 读写 EEPROM 将启动并在完成数据读写后执行后面的程序。

4.4.5　存储操作控制寄存器

存储操作控制寄存器 ISP_CONTR 的最高位是 EEPROM 编程读写允许控制用的，当置 1 时允许 EEPROM 编程操作，置 0 时不允许 EEPROM 编程操作。ISP_CONTR 的最低三位用于设置编程等待延时，根据不同的时钟速度设定延时控制数据，一般要求为：30 MHz 以下为 0；24 MHz 以下为 1；20 MHz 以下为 2；12 MHz 以下为 3；6 MHz 以下为 4；3 MHz 以下为 5；2 MHz 以下为 6；1 MHz 以下为 7。

4.4.6　读 EEPROM 字节程序

```
/*------------------------------------------
功能：从 ISP/IAP/EEPROM 读一个字节
入口条件：ISP/IAP/EEPROM 读出单元地址
返回：  ISP/IAP/EEPROM 读出的一个字节
------------------------------------------*/
uchar IapReadByte(uint addr)
{
uchar dat;                        // 数据暂存单元
ISP_CONTR = ENABLE_IAP;           // 打开 IAP 功能，设定延时时间
ISP_CMD = CMD_READ;               // 设 ISP/IAP/EEPROM 为读模式
ISP_ADDRL = addr;                 // 设 ISP/IAP/EEPROM 低地址
ISP_ADDRH = addr >> 8;            // 设 ISP/IAP/EEPROM  高地址
ISP_TRIG = 0x46;                  // 发送触发命令 1 (0x46)
ISP_TRIG = 0xb9;                  // 发送触发命令 2 (0xb9)
_nop_();    //MCU 等待 ISP/IAP/EEPROM 操作完成
dat = ISP_DATA;                   // 读 EEPROM 数据
IapIdle();                        // 调用 ISP/IAP/EEPROM 功能关闭程序
return dat;                       // 返回数据
}
```

4.4.7　写 EEPROM 字节程序

```
/*--------------------------------------------------
功能：写一个字节存入 ISP/IAP/EEPROM
入口条件：ISP/IAP/EEPROM 存入地址、要存的数据
返回：无
--------------------------------------------------*/
```

```
void IapProgramByte(uint addr, uchar dat)
{
    ISP_CONTR = ENABLE_IAP;        // 打开 IAP 功能，设定延时时间
    ISP_CMD = CMD_PROGRAM;         // 设 ISP/IAP/EEPROM 为编程模式
    ISP_ADDRL = addr;              // 设 ISP/IAP/EEPROM 低地址
    ISP_ADDRH = addr >> 8;         // 设 ISP/IAP/EEPROM 高地址
    ISP_DATA = dat;                //Write ISP/IAP/EEPROM data
    ISP_TRIG = 0x46;               // 发送触发命令 1 (0x46)
    ISP_TRIG = 0xb9;               // 发送触发命令 2 (0xb9)
    _nop_();                       // MCU 等待 ISP/IAP/EEPROM 操作完成
    //
    //   以下为禁止 ISP/IAP/EEPROM 功能，使 MCU 存储器处于安全状态
    ISP_CONTR = 0;        // 关闭 IAP 功能
    ISP_CMD = 0;          // 命令寄存器清零
    ISP_TRIG = 0;         // 触发寄存器清零
    ISP_ADDRH = 0x80;     // 将 ISP 地址指针指向无 EEPROM 的空间
    ISP_ADDRL = 0;        // 将 ISP 地址指针指向无 EEPROM 的空间
}
```

4.4.8　擦除 EEPROM 扇区程序

```
/*------------------------------------------------------------------
功能：擦除一个扇区（512B）的数据
入口条件：ISP/IAP/EEPROM 扇区地址首地址
返回：无
------------------------------------------------------------------*/
void IapEraseSector(uint addr)
{
    ISP_CONTR = ENABLE_IAP;    // 打开 IAP 功能，设定延时时间
    ISP_CMD = CMD_ERASE;       // 设 ISP/IAP/EEPROM 为擦除模式
    ISP_ADDRL = addr;          // 设 ISP/IAP/EEPROM 扇区首址的低地址
    ISP_ADDRH = addr >> 8;     // 设 ISP/IAP/EEPROM 扇区首址的高地址
    ISP_TRIG = 0x46;           // 发送触发命令 1 (0x46)
    ISP_TRIG = 0xb9;           // 发送触发命令 2 (0xb9)
    _nop_();                   // MCU 等待 ISP/IAP/EEPROM 操作完成
    //
    //   以下为禁止 ISP/IAP/EEPROM 功能，使 MCU 存储器处于安全状态
    ISP_CONTR = 0;                        // 关闭 IAP 功能
```

```
    ISP_CMD = 0;              // 命令寄存器清零
    ISP_TRIG = 0;             // 触发寄存器清零
    ISP_ADDRH = 0x80;         // 将 ISP 地址指针指向无 EEPROM 的空间
    ISP_ADDRL = 0;            // 将 ISP 地址指针指向无 EEPROM 的空间
}
```

4.5 自差校正程序

　　自差校正程序用在初次使用磁罗经转换器或磁罗经更换或安装地点变更后，主要功能是为了获得使用环境下的水平二轴磁传感器所测得的磁场强度最大值及最小值，并在退出时在 EEPROM 中永久保存，在正常航向测量转换时根据实际测得的二轴磁场强度与保存的最大值与最小值进行二轴同比变换，以获得一致的二轴程序计算分量，从而抵消由于二轴传感器灵敏度的差异或放大系数的不同造成的数据误差，以求得较为精确的磁罗经航向角。校正程序在按键被按住 5 秒钟后进入运行，运行期间，需慢慢地转动磁罗经或转换器二周以上，以获得水平方向的二轴磁场强度最大值与最小值，特别是在东南西北四个方向附近，应特别慢些，以获得精确的最大值与最小值。当最后一次按下按键时退出校正状态并将测得的数据存入 EEPROM。以下为自差校正程序的 C 源码：

```
/*------------------------------------------------------------------
名称：自差校正程序 1（第一次安装时用）
功能：测磁罗经磁针强度的最大值与最小值，并存入 EEPROM
入口条件：按键按住 5 秒钟
返回：无
-------------------------------------------------------------------*/
void Calibration(void)
{
    int Mx,My,Mz;
    max_Mx = 0;
    max_My = 0;
    max_Mz = 0;
    min_Mx = 0;
    min_My = 0;
    min_Mz = 0;
    while (!KEY1);        // 等待键释放
    delay_ms(50);
    while (KEY1)
```

```
        {
    get_mag(&Mx,&My,&Mz);        // 测三轴磁场强度数据
      if (Mx>max_Mx) max_Mx = Mx;
          else if (Mx<min_Mx) min_Mx = Mx;
      if (My>max_My) max_My = My;
          else if (My<min_My) min_My = My;
      if (Mz>max_Mz) max_Mz = Mz;
          else if (Mz<min_Mz) min_Mz = Mz;
    delay_ms(1);                  //
        }
    IapEraseSector(IAP_ADDRESS);        // 擦除扇区数据
    IapProgramByte(IAP_ADDRESS+0, (uchar)max_Mx);   // 数据存入 EEPROM
    IapProgramByte(IAP_ADDRESS+1, (uchar)(max_Mx>>8));
    IapProgramByte(IAP_ADDRESS+2, (uchar)max_My);
    IapProgramByte(IAP_ADDRESS+3, (uchar)(max_My>>8));
    IapProgramByte(IAP_ADDRESS+4, (uchar)max_Mz);
    IapProgramByte(IAP_ADDRESS+5, (uchar)(max_Mz>>8));
    IapProgramByte(IAP_ADDRESS+6, (uchar)min_Mx);
    IapProgramByte(IAP_ADDRESS+7, (uchar)(min_Mx>>8));
    IapProgramByte(IAP_ADDRESS+8, (uchar)min_My);
    IapProgramByte(IAP_ADDRESS+9, (uchar)(min_My>>8));
    IapProgramByte(IAP_ADDRESS+10, (uchar)min_Mz);
    IapProgramByte(IAP_ADDRESS+11, (uchar)(min_Mz>>8));
    while (!KEY1);          // 等待按键释放
    delay_ms(50);          // 延时 50ms
    //printf("max=%d,%d,%d\n",max_Mx,max_My,max_Mz);  // 调试用
    //printf("min=%d,%d,%d\n",min_Mx,min_My,min_Mz);  // 调试用
}
/*-------------------------------------------------------------
名称：自差校正程序 2（实时运行时校正与计算用）
功能：测出磁强度并进行自差校正后算出磁北角
入口条件：
返回：无
-------------------------------------------------------------*/
float calculate_azimuth()
{
int Mx,My,Mz;
```

```
float Hy,Hx,H;
float Mx_,My_;
get_mag(&Mx,&My,&Mz);
//printf("Mx=%d,My=%d,Mz=%d\n",Mx,My,Mz);
Hx = (float)(Mx-((max_Mx+min_Mx)/2))/(max_Mx-min_Mx);  //  校正换算
Hy = (float)(My-((max_My+min_My)/2))/(max_My-min_My);  //  校正换算
if (Hy>0.0)
    {
    H = 90.0-atan(Hx/Hy)*(180.0/PI);
    }
    else if (Hy<0.0)
    {
    H = 270.0-atan(Hx/Hy)*(180.0/PI);
    }
    else
    {
    if (Hx<0.0)
        H = 180.0;
        else
        H = 0.0;
    }
if (H<270.0)
    H += 90.0;
    else
    H -= 270.0;
return H;
}
```

4.6 功能设定程序

功能设定程序主要用来调整转换器的使用技术参数，主要有 LED 显示器亮度调整、波特率调整、安装位置误差调整等。

4.6.1 LED 亮度调整程序

LED 显示器亮度分为四档，以适合白天与晚上的使用。LED 显示器是通过定时器

T0 中断实现的，通过设定亮度调节数据来调整扫描的时间间隔从而改变 LED 的显示亮度。中断显示程序 C 源码如下：

```
/*-------------------------------------------------------
功能：LED 扫描显示
入口：由中断自动进入
出口：无
-------------------------------------------------------*/
void display(void) interrupt 1
{
    uchar code dimm_table[]={81,27,9,3};
    uchar code disp_table[]={0x81,0xCF,0xE0,0xC4,0x8E,0x94,0x90,0xCD,
    0x80,0x84,0x88,0x92,0xB1,0xC2,0xB0,0xB8,0x8A,0xB3,0xA8,0xFE,0xFF};
    static uchar disp_count;
    disp_count = (disp_count+1) % dimm_table[dimmer];
    LED_DA |= 0x7F;
    LED_A1 = 0;
    LED_A2 = 0;
    LED_A3 = 0;
    switch (disp_count)
      {
      case 0: LED_DA &= disp_table[display_ram[0]]; LED_A1 = 1; break;
      case 1: LED_DA &= disp_table[display_ram[1]]; LED_A2 = 1; break;
      case 2: LED_DA &= disp_table[display_ram[2]]; LED_A3 = 1; break;
      }
}
```

4.6.2　波特率调整程序

波特率调整程序为调整串行口通讯的输出波特率用，一般为 4800 baud/s、9600 baud/s、19200 baud/s、38400 baud/s 四档可选，通过设定波特率的调整状态字的值来改变波特率发生器的溢出时间，从而使传送速度改变，以下为波特率设定 C 程序源码：

```
/*-------------------------------------------------------
功能：调整串行口通讯的输出波特率
入口：按键进入
出口结果：改变波特率定时器的重载值
显示式样：    8-0    8-1     8-2      8-3
对应波特率：4800   9600    19200    38400
```

```
------------------------------------------------------------*/
void baud_set(void)
{
while(1)
{
while(KEY1){delay_ms(100);display_ram[1]=19;display_ram[2]=baud_reg;}// 等待
key1_timer=0;          // 按键按下时间计时
while (!KEY1)
{delay_ms(100); key1_timer++;if(key1_timer>=20){key1_
timer=30;display_ram[0] = 7;display_ram[1] = 7;display_ram[2] =7;}}
// 显示下层菜单
if(key1_timer>=20){break;}
else{baud_reg++;if(baud_reg>=4){baud_reg=0;}display_ram[2]=baud_reg;}
 }
}
//
```

4.6.3　安装位置误差调整程序

安装位置误差是指转换器与磁罗经中心轴安装角度不正造成的读数与磁罗经指针读数所具有的固定误差，校正的范围为 -5 度至 +4 度。以下为 C 程序源码：

```
/*------------------------------------------------------------
功能：调整 LED 与磁罗经指针的读数差异
入口：按键进入
出口：改变 LED 显示值
显示式样：    6-0   6-1  ...6-5....   6-8     6-9
对应校正值：-5    -4    .... 0 ...    3      4
------------------------------------------------------------*/
void jz_set (void)
{
while(1)
{
while(KEY1){delay_ms(100); display_ram[1]=19;  display_ram[2]=j_z_reg;}// 等待
key1_timer=0;                        // 按键按下时间计时
while (!KEY1)   {delay_ms(100); key1_timer++;if(key1_timer>=20){key1_
timer=30;display_ram[0] = 5;display_ram[1] = 5;display_ram[2] =5;}}
// 显示代表下层菜单
```

```
if(key1_timer>=20){break;}
else{j_z_reg++;if(j_z_reg>=10)j_z_reg=0;  display_ram[2]=j_z_reg;}
}
}
//
```

4.7 主程序

磁罗经数字转换器主程序是完成系统从上电到正常运行的关键程序，主要的运行过程有：运行初始化程序、读 EEPROM 程序、运行主循环程序。在主循环程序中主要由测磁场数据、求平均值、按键状态判断、LED 显示数据处理、串口数据组帧发送等程序循环组成，以下为主循环 C 程序源码：

```
while (1)
{
    k = 1;
    theta = calculate_azimuth();        // 先读一次磁传感器数据并算得磁北角
    omega[0] = theta;
   for (i=1;i<AVERAGE_NUN;i++)          // 求 AVERAGE_NUN 次的平均值
      {
       delay_ms(SAMPLE_TIME);           // 延时
       phi = calculate_azimuth();       // 读一次磁传感器数据并算得磁北角
       temp = fabs(theta-phi);          // 误差数据范围控制
       if (temp >= 300)
          {
           if (theta > phi)
               phi += 360.0;
               else
               {
               theta += 360.0;
               if (i==1) omega[0] = theta;
               }
          theta = (theta*k+phi)/(k+1);  // 求平均值
           k++;
          }
       else if (temp <= 60)             // 误差数据范围控制
```

```
            {
        theta = (theta*k+phi)/(k+1);   // 求平均值
        k++;
            }
    omega[i] = phi;                     // 每次测得的数据保存
    if (key1_reg & 0x80)                // 按键处理
        {
        display_ram[0] = 12;            // 显示 CAL
        display_ram[1] = 10;
        display_ram[2] = 17;
        Calibration();                  // 进入校正程序（读三轴最大值与最小值）
        key1_reg = 0x03;
        }
        else if (key1_reg == 0x01)
        {
        key1_reg = ((key1_reg<<1) | KEY1) & 0x03;
        dimmer = (dimmer+1) % 4;         // 短按键处理（改变 LED 亮度）
        }
    if ((key1_reg & 0x01) != KEY1)
        {
        key1_reg = ((key1_reg<<1) | KEY1) & 0x03;
        }
    if ((key1_reg & 0x01) == 0)
        {
        key1_timer++;
        if (key1_timer >= 100)
            {
            key1_timer = 0;
            key1_reg |= 0x80;
            }
        }
    }//End of "for (i=1;i<AVERAGE_NUN;i++)"
//printf("k1=%d\n",(uint) k);// 调试
k = 0;
phi = 0.0;
for (i=0;i<AVERAGE_NUN;i++)     // 再求平均值，与平均值相差多的丢弃
    {
```

```
        if (fabs(theta-omega[i])<2.0)
            {
            phi += omega[i];
            k++;
            }
        }
    if (k) phi /= k;
        else phi = theta;
    //printf("k2=%d\n",(uint)k);// 调试
    if (phi > 360.0)              // 将数据处理成 0-360 度以内的磁北角数据
        phi -= 360.0;
    RS485_TE = 1;                 // 打开 485 芯片发送功能
    temp = phi*10.0+0.5;          // 将小数位四舍五入
    k = temp % 10;
    temp /= 10;
// 以下发送数据格式整理
    {
    send_buf[6] = ((temp/100) % 10) + '0';
    temp %= 100;
    send_buf[7] = (temp / 10) + '0';
    send_buf[8] = (temp % 10) + '0';
    send_buf[9] = '.';
    send_buf[10] = k + '0';
    i = 11;
    }
send_buf[i] = ',';
send_buf[i+1] = 'M';
send_buf[i+2] = '\0';
nmea0183_send(send_buf);    // 将数据从串口发出
//printf("$HCHDM,%d.%d,M*27\n",temp,(uint)i);// 调试
// 以下 LED 显示用数据处理
temp = phi + 0.5;                // 显示整数，个位数作四舍五入处理
display_ram[2] = temp % 10;
if (temp<10)
    {
    display_ram[1] = 20;
    display_ram[0] = 20;
```

```
    }
    else
    {
    temp /= 10;
    display_ram[1] = temp % 10;
    if (temp<10)
        {
        display_ram[0] = 20;
        }
        else
        {
        temp /= 10;
        display_ram[0] = temp % 10;
        }
    }
delay_ms(SAMPLE_TIME);        // 延时
RS485_TE = 0;}                 // 关闭 485 芯片发送功能
```

第 5 章

磁罗经转换器的设计调试与电性能指标

磁罗经数字转换器的设计调试包括电路图与电路板的设计过程、程序编写调试过程、程序与电路的实际运行调试过程、电路性能的调试过程等。磁罗经数字转换器的电性能指标有些由电路结构及元器件决定，有些则由程序编程决定，总之与软件和硬件电路设计密不可分，因此调试工作贯穿于整个电路及程序的设计过程。

5.1 电路板设计与调试

电路设计直接关系到产品的性能，因此要使磁罗经数字转换器产品质量好一定要充分做好前期的电路设计工作。电路设计涉及许多的因素，如电路的形式、元器件的型号、电路板的形状、结构、元件位置、元件密度、布线粗细，等等。

5.1.1 电路图的设计调试

电路图的设计采用最新的 Altium Designer Summer 09 软件，图纸大小采用标准 A4 纸，除接插件等体积较大的元件之外，电容、电阻、晶体管、集成电路一般均优先选择贴片封装结构，全图主要的位置安排是以单片机处理电路为中心，左边为磁传感器及外围元件，右边为 RS-485 接口电路及 LED 显示电路，下方为电源变换电路，总电路图的区块位置分布如图 5-1 所示。

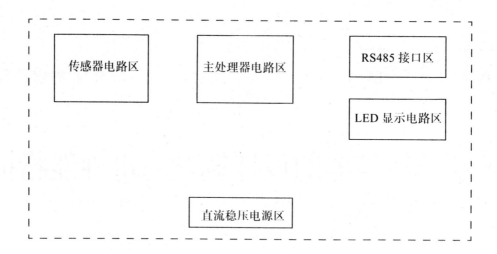

图 5-1　电路元件的电气功能布局图

由于 32 引脚的贴片封装（LQFP）单片机及 28 引脚的栅格阵列封装（LGA）传感器都是没有现成的元件库及封装库，因此在画电路图前需先制作元件图与封装图。图 5-2 为单片机 STC12LE5608AD-LQFP32 的元件图及 PCB 封装图，图 5-3 为传感器 LSM303DLH-LGA28 的元件图及 PCB 封装图。

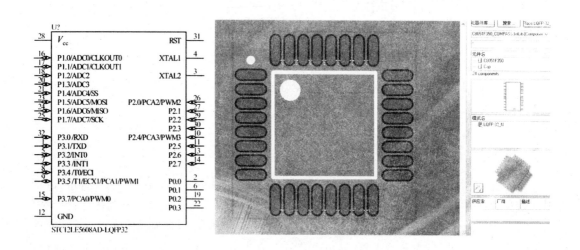

图 5-2　单片机 STC12LE5608AD-LQFP32 的元件图及 PCB 封装图

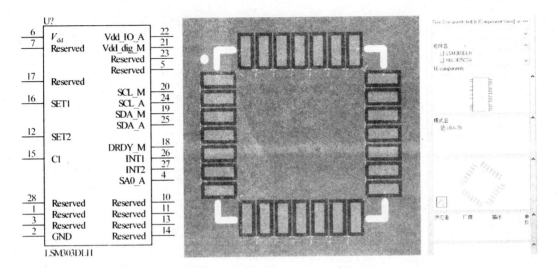

图 5-3 传感器 LSM303DLH-LGA28 的元件图及 PCB 封装图

电路图的制作过程大致为以下几个步骤：

（1）放置元件，设定封装尺寸等元件技术参数。

（2）连接元件或放置网络标号，完成电路连接。

（3）统一元件编号，元件标号统一从小开始按分类连续编号，检查修改电路连接。

（4）产生网络表，对出错提示进行修改，直至正确为止。

5.1.2 PCB 板的设计调试

PCB 电路板采用双层电路板设计，印制板为圆形，直径为 5 cm，第一层为元件安装面，电源引线宽为 30 mil，其他一般为 10 mil；直立元件焊盘一般外径为 60 mil，内孔径为 30 mil；LED 显示器引脚的焊盘外经为 45 mil，内孔径为 25 mil；过孔一般为外径 40 mil，内径 20 mil。

PCB 板总体的元件布局是以磁传感器为中心，上方为 LED 显示器，左边为 RS485 接口元件，右边为单片机，下方为电源器件，整体 PCB 电路板形状如图 5-4 所示。图 5-5 为传感器 LSM303DLH 元件的 PCB 电路板连线图，图 5-6 为单片机的 PCB 电路连线图，图 5-7 为印制电路板复合钻孔图，图 5-8 为印制板元件布局图。

PCB 板制作是一项精细的工作，在元件放置位置、方向、间隔、连线粗细、甚至封装尺寸等在设计中需不断调整，反复修改。

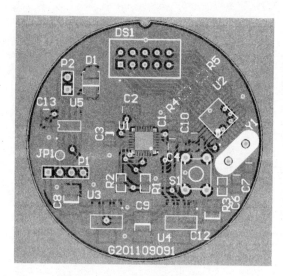

图 5-4   PCB 电路板整体布局图

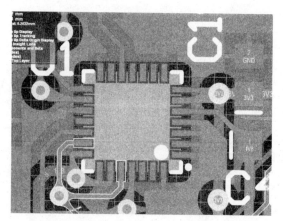

图 5-5   传感器 LSM303DLH 电路板连线图

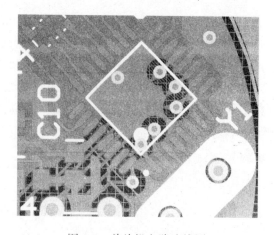

图 5-6   单片机电路连线图

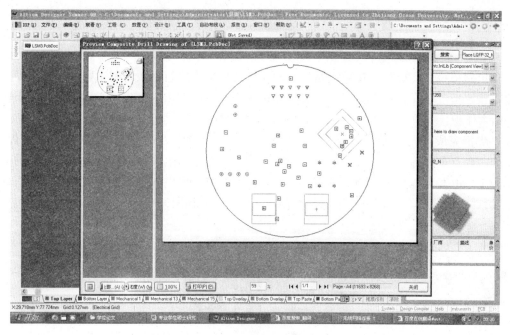

图 5-7　印制电路板复合钻孔图

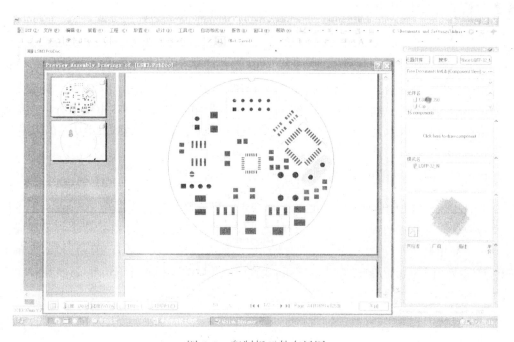

图 5-8　印制板元件布局图

5.1.3 试样电路板的焊装与调试

电路板设计完成后，按照电路设计的元件清单预先进行电子材料采购准备，再经专业电路制板厂打样就可进行焊接试装。焊接次序的一般要求为：先中心后边缘，先小体积后大体积，先薄片后厚片，先密引脚后宽引脚，接插件一般在最后焊接。

焊接完成后先要进行不通电的检查，主要通过目测及万用表测量，排除一些虚焊、漏焊、焊点短路等现象，然后通电测量检查整个电路。通电测量以检查各引脚线上的电压为主，电源电压是重点的测试内容，各元器件上的供电电压基本正常后就可以载入程序进行综合联调了，图 5-9 为电路板焊接好元件后的实物图。

图 5-9 焊接好元件后的电路板实物图。

5.2 程序的编写调试

磁罗经数字转换器控制程序采用 Keil_C51 编译器，使用 C 语言编程，编程的调试可结合程序装载后的实际运行进行观察。编写程序的方法一般以先小后大原则，就是先编写调试小的功能程序，再编写调试总的程序。调试程序时可充分利用电脑串行口、单片机电路板上的 LED 显示器对程序运行的正确性进行判断，这样能做到事半功倍的效果。

5.2.1 编译器的安装调试

设计中编译器使用的是 Keil μ Vision2 版本，目前最新版本为 Keil μ Vision4，支持大多数嵌入式单片机的程序编译。安装好软件后，打开一个以前的 Keil_C 工程文件或新建立一个简单的工程文件，运行一下各类功能，如能编译成功，程序编译环境的准备工作就算完成，图 5-10 为 keil_C51 μ Vision2 软件打开后的工程文件编辑环境窗口图。

图 5-10　keil_C51μVision2 软件编程环境窗口图

5.2.2　程序下载器的安装调试

　　宏晶公司的单片机使用在线串口下载程序代码技术，下载工具可从宏晶公司的网站上下载，目前使用的是非安装版的程序下载工具（STC_ISP_V480.exe），下载后不用安装，直接在文件夹中找到 STC_ISP_V480.exe 文件双击就可打开下载工具程序。将计算机的串口与单片机系统的串口用 RS-232 连接线相连后，将测试程序代码下载到单片机应用系统中，观察实际运行是否正常，直至正确为止。图 5-11 为宏晶程序下载软件"STC_ISP_V480.exe"运行窗口图。

图 5-11　程序下载软件"STC_ISP_V480.exe"运行窗口图

5.2.3　LED 显示程序的调试

LED 显示程序的调试要先测试一下单片机的数据口与扫描口是否能正常控制共阳数码管的发光。先写一段测试程序代码，将数据口置全 0，将三个扫描端口的其中一个置 1，下载程序后看三位 LED 数码管的其中一个是否能显示 "8" 字符，依次测试好三位 LED 数码管后就可以编写调试用中断实现的动态扫描显示程序了。

中断法动态扫描程序的调试主要有中断时间的确定与亮度的等级问题，中断时间是决定每位 LED 数码管的点亮时间的，当扫描时间间隔太长的话人眼观察时将出现闪烁；显示亮度的等级是指最亮与晚上使用最暗的 LED 显示亮度，程序中共分了四级的亮度等级，实现方法是通过中断计数值的除法取余决定循环的数多少，如除数为 3，则余数为 0、1、2 三数循环。如除数为 9，则余数为 0、1、2、3、4、5、6、7、8 几个数循环，而扫描点亮哪一位是根据余数的值决定的，只有 0、1、2 时对应用的三个 LED 数码管才被分别点亮，因此控制除数就可控制亮度。调试后的程序中断时间为 250 μs，亮度控制除数为 3、9、27、81。用按键亮度状态标志数（0~3）的查表法取得除数。

5.2.4　波特率设定程序的调试

波特率设定是通过改变波特率定时器 T1 的定时初值来实现的，在程序中确定键标志数据为 0~3，共四个状态字，分别对应的波特率为 4800 baud/s、9600 baud/s、19200 baud/s、38400 baud/s，而波特率所对应的定时器 T1 的四个初值放在一张 ROM 表格中，用按键状态字进行相应的查表即可得到定时器的初值，从而改变数据输出的波特率。程序调试时可以先用固定的初值逐一测试输出波特率，再编写用按键控制波特率改变的程序，测试语句可以用 printf() 程序输出一串字符或数字，然后用电脑串口接收以核对输出的波特率是否正确。

5.2.5　EEPROM 存取程序的调试

EEPROM 存取程序可以先查看单片机芯片手册上给出的演示例子，然后写一存储双字节的数据，再取出双字节数据的子程序，取出的数据用 printf() 程序输出到电脑上查看其正确性，直到能正确存储与取出为止。

5.2.6　传感器数据读取程序的调试

LSM303DLH 传感器与单片机的通讯采用 I^2C 方式，由于 STC12LE5608AD 单片机大多指令为单时钟机器周期（速度相当于普通单片机的 8~12 倍），所以对 I^2C 通讯时的微秒级时序延时要特别注意，调试时先编一个微秒级的调用程序，然后通过调用微秒程序输出一个端口方波信号，方波信号用数字示波器进行频率与周期的测量，以确定微秒程序的延时正确性。微秒程序的延时时间调整一般是通过增减空操作函数 "_nop_()" 的次数来实现的，经示波器测试，在 12MHz 晶振的 STC12LE5608AD 单片机系统中，1 微秒延时程序的空操作函数 "_nop_()" 为 8 个，程序如下：

```
/*************************************
功能：微秒级延时
延时时间：=dt 微秒
*************************************/
void delay_us(uchar dt)
{
do  {
    _nop_();
    _nop_();
    _nop_();
    _nop_();
    _nop_();
    _nop_();
    _nop_();
    _nop_();
    }while (--dt);
}
```

当微秒延时程序调试正确后，就可以调试 LSM303DLH 传感器的 I²C 读写程序了。按照 LSM303DLH 芯片手册上给出的地址与操作方法，试读传感器的磁场数据与重力加速度数据，然后用 printf() 程序输出到电脑上查看，当有数据输出后再转动传感器，看数据是否能变化，直至读写程序正确为止。

5.2.7 自差校正程序的调试

传感器数据读取程序调试完成后，可编程调试自差校正程序。自差校正程序需要将传感器数据读取程序与 EEPROM 存取程序组合起来。在自差校正程序中当读取一组数据后，在比较大小后分别将最大值与最小值放在变量单元，然后延时一定时间再读取新的数据。这个延时时间可按照实际校正的磁罗经转换器转动的速度来调整，当转动较慢时，延时可长点，当转动较快时，延时要小一些或取消延时程序。

5.2.8 航行角计算程序的调试

航行角计算程序的编写调试主要是调整各变量的相位，最常见出现的问题是算出的角与磁北角变化相反或相差 90 度，通过改变计算反正切程序的两个变量的相位或互换坐标位置可完成正确调试，为了计算精确，磁场与加速度变量采用了双字节的整数型（int），坐标等比变量及反正切程序计算过程中的变量采用了四字节的单精度实数型（float）。

5.3 综合测试

在完成以上硬件与程序调试后，可以在各类不同厂家生产的磁罗经上进行转换器的性能与精度测试，同时也要将市场上已有的磁罗经转换器产品进行对比测试，通过比较再进一步进行程序与硬件的修改，最后在进行小批量的制作后在船上进行海上测试。

本次设计的磁罗经数字转换器在 7 个不同厂家的磁罗经上进行了综合测试，均能正常工作，性能达到了设计指标的要求。表 5-1 是磁罗经转换器在日本 OSAKA NUNOTANI SEIKI 公司生产的磁罗经（型号：KN-R165）上进行的数据转换稳定度及精度测试表，可以看出输出语句中数据的静态稳定度在 0.1 度以内，精确度绝对误差最大为 +1.3 度及 −1.7 度，平均精度达到了 ±1.5 度的设计要求。

表 5-1　磁罗经转换器数据稳定度及精度测试表

磁罗经视觉读数	0	15	30	45	60	75	90	105	120	135	150	165	180
转换器 LED 显示值	0	16	31	45	59	74	89	105	120	135	149	165	180
语句输出最大值	0.2	16.2	31.3	45.0	59.1	73.8	89.4	105.0	120.1	134.6	149.3	164.7	180.5
语句输出最小值	0.1	16.1	31.2	44.9	59.0	73.7	89.3	104.9	120.0	134.5	149.2	164.6	180.4
转换数据稳定度	0.1	0.1	0.1	0.1	0.1	0.1	0.1	0.1	0.1	0.1	0.1	0.1	0.1
转换精度	+0.2	+1.2	+1.3	-0.1	-1.0	-1.3	-1.7	-0.1	+0.1	-0.5	-0.8	-0.4	+0.5

表 5-1（续）　磁罗经转换器数据稳定度及精度测试表

磁罗经视觉读数	195	210	225	240	255	270	285	300	315	330	345	0
转换器 LED 显示值	196	211	225	239	253	269	284	299	314	329	344	0
语句输出最大值	196.3	211.1	225.1	238.7	253.4	268.6	284	299	313.9	328.8	344.5	0.2
语句输出最小值	196.2	211.1	225.1	238.6	253.3	268.5	283.9	298.9	313.8	328.7	344.4	0.1
转换数据稳定度	0.1	0	0	0.1	0.1	0.1	0.1	0.1	0.1	0.1	0.1	0.1
转换精度	+0.3	+1.1	+0.1	-1.4	-1.7	-1.5	-1.1	-1.1	-1.2	-1.3	-1.6	+0.2

表 5-2 为电源适应性能测试表，采用 GWINSEK PST-3202 数控电源供电，RIGOL DM3051 数字万用表测试供电电流，经测试可以看出在 4.7~15 V 的输入电压范围内，转换器均能正常工作，转换器的电源消耗电流约为 36 mA 左右，优于设计标准。

表 5-2 电源输入性能测试表

输入电压（V）	4.72	5.02	7.55	10.04	13.84	15.06
输入电流（mA）	35.04373	35.33528	35.86006	36.00583	36.06414	35.80175
稳压输出（V）	3.30V	3.30V	3.30V	3.30V	3.30V	3.31V

磁罗经数字转换器数据转换速率测试采用示波器波形测试法。在程序采用十次转换数据取平均值的计算条件下，当输出波特率为 4800 Baud/s 时，用示波器观察从 RS485 输出的标准语句（$HCHDM）信号波形，可以测得发送一句完整的数据需要 38 ms，中间十次磁场强度数据采集计算需 45 ms，平均每次磁场强度采集计算的时间约为 4.5 ms，如将传送波特率设定为 38400 Baud/s，则发送一句完整的数据只需要 5 ms，这样在 RS485 输出口的数据刷新率可达 20 Hz 左右，刷新率超过了 15 Hz 的设计要求。

图 5-12 为磁罗经转换器实物测试安装图，图 5-13 为磁罗经数据接收显示调试图，图 5-14 为在 WIN_CE 嵌入式操作系统下开发的 GPS/磁罗经显示软件运行窗口图。

图 5-12 磁罗经转换器实物安装图

图 5-13　磁罗经数据接收显示调试图

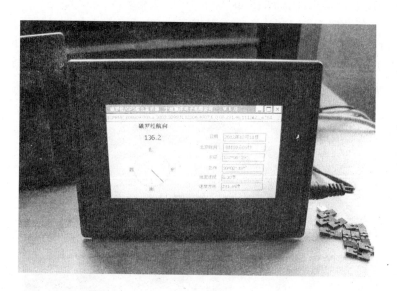

图 5-14　GPS/ 磁罗经显示软件运行窗口图。

5.4　产品电性能测试指标

　　船用磁罗经数字转换器产品经实验测试，其电性能指标符合设计要求，具体为：
● 电源：直流输入 4.72~15 V。

- 工作电流 : 小于 37 mA 。
- 信号接口 :RS485 。
- 输出信息格式 : 符合 IEC61162-1（NMEA0183 兼容）国际标准。
- 输出波特率 :4800 bp/s、9600 bp/s、19200 bp/s、38400 bp/s 可选 。
- 分辨率 : 0.1 度（LED 直接显示为 1 度），转换精度平均优于 ±1.5 度。
- 输出数据刷新率 : 4800 bp/s 下为 12 Hz，38400 bp/s 时为 20 Hz。

结　论

　　本课题论文以船用磁罗经数字转换器产品开发为研究对象，分析介绍了产品的电路设计及控制程序编写等关键技术，经产品应用实践，总体性能达到使用的要求，唯一不够理想的是转换数据在某些磁罗经方位点的精确度不是很好，磁罗经读数与转换数据的最大误差达到 ±1.5 度，经测试分析其主要原因是通过 I^2C 读入的数据线性不一致造成，运算程序无法解决这个问题。另外本来该电路产品在不用磁罗经的情况下，能独立作为电罗经使用，但船上的强电磁干扰太多，在对讲机、单边带工作时有较大的干扰影响，因此在作为电子罗经使用时比较适合陆上移动设备的应用。

　　通过本课题的研究，一方面了解了当前磁罗经转换器产品的特点，又为我们积累了新的嵌入式单片机应用系统开发经验，对以后类似地磁场或重力加速度相关的产品开发奠定了基础，图 6-1 是由课题研究生产的船用磁罗经数字转换器产品外形图，产品由宁波驰洋电子科技有限公司生产销售。

图 6-1　船用磁罗经数字转换器产品外形图

　　本课题研究的产品虽然得到了推广应用，但为了更好地提高其转换数据的精确度，目前又设计了采用双轴磁阻传感器及使用 24 位 AD 转换器的磁罗经数字转换器，经研发生产测试，其转换精度达到了 ±1 度以内，不足之处是产品只能用于水平状态下测试地磁场，因此较适合磁罗经上作转换器使用，图 6-2 为一块使用双轴磁阻传感器并使用内带 24 位 AD 转换器单片机的新型磁罗经数字转换器电路板及产品实物图。

图 6-2　采用双轴磁阻传感器设计的新型磁罗经数字转换器电路板及产品实物图

参考文献

[1] 王思思,王立军.数字电子磁罗经的原理及其应用研究 [J],中国水运,2008,8（4）: 173-174.

[2] 庄钠.磁罗经与航海 [J],航海科技动态,1999,（7）: 6-9.

[3] 徐友方,朱道宗.船用陀螺罗经发展史话 [J],惯性世界,1997,（01）: 20-22.

[4] 蒋新胜,马光彦,李华兵等.基于磁阻传感器的虚拟现实跟踪系统 [J],传感器技术.2002,21(5):62-64.

[5] 钟美达.船用磁罗经校正系统研究 [D],哈尔滨工程大学,2008.

[6] 钟晓锋.基于电罗经技术的磁罗经自差自动测定和校正系统 [D],大连海事大学,2004.

[7] 陈美丽,昂海松,高月山,等.基于 DSP 的微型飞行器磁罗盘 [J].传感器与微系统,2008,(03):94-96.

[8] 蔡体菁,刘莹,宋军,等.嵌入式 GPS/MIMU/ 磁罗盘组合导航系统 [J].仪器仪表学报,2010,(12):2695-2699.

[9] 李希胜,刘洪毅,郭晓霞,等.车用磁电子罗盘的研制 [J],微计算机信息,2006,22(10-1):308-310.

[10] 郝振海,黄圣国.基于差分磁罗盘的组合航向系统 [J].北京航空航天大学学报,2008,34(4):377-380.

[11] 李希胜,王家鑫,汤程等.高精度磁电子罗盘的研制 [J].传感技术学报,2006,19(6): 2441- 2444.

[12] 杨新勇,黄圣国.磁罗盘的罗差分析与验证 [J],电子科技大学学报,2004,33(5):547- 550.

[13] 熊剑,刘建业,孙永荣等.数字磁罗盘的研制 [J].传感器技术,2004,23(8): 47-48.

[14] 张静,金志华,田蔚风.无航向基准时数字式磁罗盘的自差校正 [J].上海交通大学学报,2004,38(10):1757-1760.

[15] 李怡达.基于磁阻传感器与微处理器的二维磁电子罗盘的设计 [J].功能材料与器

件学报 ,2008,(02):557-560.

[16] 王丽颖 . 磁阻传感器的数字电子罗盘的设计与实现 [J]. 电子测量技术 ,2009,(01):108-111.

[17] 支炜 . 基于 AVR 单片机的数字电子罗盘的研究和实现 [D]. 大连交通大学 ,2009.

[18] 郭检柟 . 基于磁阻芯片和 MSP430 单片机的电子罗盘设计 [J]. 信息与电子工程 ,2010,(01):12-29.

[19] 胡宁博 , 李剑 , 赵桦云 . 基于 HMC5883 的电子罗盘设计 [J]. 传感器世界 ,2011,(06):35-38.

[20] 熊剑 , 刘建业 , 孙永荣 , 等 . 数字磁罗盘的研制 [J]. 传感器技术 ,2004,(08):46-51.

[21] 马珍珍 , 盛蔚 , 房建成 . 微小型无人机用微磁数字罗盘集成系统的设计 [J]. 航空学报 ,2008,(04):973-980.

[22] 赵灿先 , 陈云飞 , 杨决宽 , 等 . 基于加速度传感器和磁阻传感器的空间三维角测量仪的设计 [J]. 中国制造业信息化 ,2007,(23):69-77.

[23] 王沛云 , 秦平 , 陈鲁疆 . 磁阻传感器在海流计流向测量中的应用研究 [J]. 海洋技术 ,2012,(03):17-20.

[24] 刘晓娜 . 地磁传感器及其在姿态角测试中的应用研究 [D]. 中北大学 ,2008.

[25] 陈学力 . 船用数字磁航向系统的设计与实现 [D]. 大连理工大学 ,2009.

[26] 王勇军 , 李智 , 李翔 . 三轴电子罗盘的设计与误差校正 [J]. 传感器与微系统 ,2010,(10):110-112.

[27] 杨培科 . 基于 SOPC 的磁阻电子罗盘的设计实现及其误差补偿 [D]. 哈尔滨工程大学 ,2010.

[28] 王君 , 罗冰 . 基于磁阻传感器的带倾斜补偿的电子罗盘的研制 [J]. 河南大学学报 (自然科学版),2009,(03):244-246.

[29] 庄钠 , 殷祖伦 . 数字磁罗经装置 [P]. CN2375950, 2000.04.26.

[30] 钱敏霞 . 高精度数字磁罗经装置 [P]. CN200920201197.X, 2010.09.01.

[31] 中国船舶重工集团公司第七一〇研究所 . 数字磁罗盘 [P]. CN2634434,2004.08.18.

[32] 天津市凌津工贸发展有限公司 . 复示磁罗经 [P]. CN202204515U,2012.04.25.

[33] 庄钠 , 殷祖伦 . 数字磁罗经系统 [P]. CN1275713,2000.12.06.

[34] 褚人乾 . 位置相关的磁罗经误差自动标校数字转换器 [P]. CN202109915U,2012.01.11.

[35] 文方 , 黄钱飞 . HMR3000 在机器人姿态自控系统上的应用 [J]. 自动化技术与应用 ,2010,29(06):P27-28.

[36] 张琦 , 周冉辉 , 刘睿 , 等 . 基于泊松方程的磁罗盘磁域自差修正 [J]. 舰船电子工程 ,2011,31(09):51-53.

[37] 冯桂兰 , 田维坚 , 葛伟 , 等 . 数字磁罗经系统的设计 [J]. 测控技术 ,2006,25(08):86-88.

[38] 钱敏霞 . 一种高精度数字磁罗经装置 [P]. CN101718555A, 2010.06.02.

[39] 随我玩手机网 . 集成传感器方案实现手机中的电子罗盘功能 .http://www.suiwowan.com/a/dzlpcgq/17759.html.

[40] 山东交通学院 . 一种基于 AVR 单片机的数字电子罗盘 [P]. CN202188852U,

2012.04.11.

[41] 王勇军. 基于磁阻和加速度传感器的三轴电子罗盘研制 [D]. 桂林电子科技大学 ,2010.

[42] 董雨. 基于 HMC1022 的双轴磁阻传感器的研究和应用 [D]. 吉林大学 ,2009.

[43] Ripka P. New directions in fluxgate sensors [J]. Journal of Magnetism and Magnetic,Materials, 2000 (215 - 216) : 735 - 739.

[44] Garca A A,Mor C b,Mora M. Theoretical calculation for a two2axismagnetometer based on magnetization rotation [J]. Sensors and ActuatorsA (Physical) , 2000, 81 (1 - 3) : 204 - 207.

[45] T Ford, W Kunyz, J Neumann, et a1. BeeLine RT20[R]. Presented at ION 97, Kansas City, Mo.

[46] R Heyward, D Gebre-Egziabher, M Schall, et a1. Inertially Aided GPS Based Attitude Heading Reference System (AHRS)for General aviation Aircraft [R]. presented at ION 97, Kansas City. Mo.

[47] R G Brown. P Hwang. Introducfion to Random Signals and Applied Kalman Filtering 3rdEd[R]. John Wiley and Sons, 1997.

[48] Caruso M J, Bratland T, Smith C H, Schneider R. A new perspective on magnetic sensing, Sensors (USA), 1998, 15(12): 34- 46.

[49] Caruso M J. Application of magnetoresistive sensors in navigation systems, Sensors and Actuators, SAE SP- 1220, 1997: 15- 21.

[50] Caruso M J, Withanawasam L S. Vehicle detection and compass applications using AMR magnetic sensors, Sensors Expo Proceedings,1999: 477.

[51] Caruso MJ. Applications of magnetic sensors for low cost compass systems, IEEE 2000. Position Location and Navigation Symposium (Cat. No.00CH37062), 2000: 177.

[52] Platil A, Kubik J, Vopalensky M, Ripka P. Precise AMR magnetometer for compass, Proceedings of IEEE Sensors 2003 (IEEE Cat. No.03CH37498), 2003, 1: 472.

[53] KIAM HEONG ANG,GREGORY CHONG.PID Control System Analysis,Design,and Technology[J].Transactions On Control Systems Technology,2005,13(4):559-576.

[54] K.J.ASTROM,T.HAGGLUND,C.C.HANG,W.K. HO. Automatic tuning and adaptation for PID controllers-A survey[J].Contr. Eng. Pract.,1993,1(4):699-714.

[55] KILLINGSWORTH N.J.,KRSTIC.M.Pid tuning using extremum seeking: Online, model free-performance optimization[J].Control Systems Magazine,2006, 26(1):70-79.

[56] Yasushi Ikei Masashi Shira to r.i Texture explorer a tactile and force display for virtual textures[A]. Proceedings of the 10th Symposium on Haptic Interfaces for Virtual Environ m en t& Teleoperator Systems. IEEE Computer Society, 2002.

[57] Lederman S.J, Andrea Martin, Christine Tong Roberta L.Klatzky. Relative per for mance using haptic and /or touch produced auditory cues in a rem ote abso lute texture identifi cation task[A]. Proceedings o f the 11th Symposium on Haptic Interfaces for Virtual Environment and Teleoperator System s[C]. IEEE Computer Society, 2003.

[58] A lex ander Kron Gunther Schmidt. Multifingered tactile feed back from virtual and remote environments[A] . Proceedings o f the 11th Symposium on H aptic Inter faces for Virtual Environment and Teleoperator Systems[C]. IEEE Computer Society, 2003.

[59] Ripka P. Advances in fluxgate sensors[J]. Sensors and Actuators A (Physical) , 2003, 106 (1 - 3) : 8 - 14.

[60] 李光飞 , 楼然苗 . 磁罗经数字转换器的设计 [J]. 浙江海洋学院学报 (自然科学版),2008,(01):65-68.

[61] 楼然苗 . 基于 LSM303DLH 的磁罗经传感器设计 [J]. 浙江海洋学院学报 (自然科学版),2012,31(5):454-457.

[62] STC12LE5620AD 中文资料 .pdf. http://www.stcmcu.com.

[63] LSM303DLH .pdf . http://www.eeworld.com.cn.

[64] 豆丁网 .ZCC04-YJ 磁罗经数字转换器使用说明书 . http://www.docin.com/p-53992504.html.

[65] 北京中西远大科技有限公司 . 供应磁罗经数字转换器 . http://b2b.hc360.com/supplyself/103382447.html.

[66] 广州市浩骏海事通信有限公司 . 磁罗经转换器 MR-238 说明书 .http://wenku.baidu.com/view/6e8b1b70f46527d3240ce069.html.

[67] 上海直川信息技术有限公司 . 磁罗经转换器 .http://china.shipe.cn/Supply/16641/Index.html.

[68] 聪慧网 . 供应磁罗经数字转换器 . http://b2b.hc360.com/supplyself/103382447.html.

附录：C 源程序清单

```
/*----------------------------------------
Electronic compass progarm V2.0
MCU STC12LE5608AD  XAL 12MHz
Build by Gavin Hu, 2011.7/amend by lrm,2013.5.28
上机时能校正，平时只能调亮度，  串口不允许接收 REN=0
用作电子罗盘，磁场量程为 1.3 高斯，要使用重力加速度传感器
//----------------------------------------
          输出三格式语句交替
----------------------------------------*/
//#pragma  src
#include <STC12C5620AD.H>
#include <intrins.h>
#include <stdio.h>
#include <math.h>
#define PI 3.141592654
//
#define uchar unsigned char
#define uint unsigned int
#define ulong unsigned long
/*------------------------------------------------
  Constant define
------------------------------------------------*/
//定义 I2C 操作模式
#define I2C_RECV      0    /* 接收模式 */
#define I2C_SEND      1    /* 发送模式 */
#define I2C_SrRECV    2    /* 带 Sr 接收 */
```

```c
/*Define ISP/IAP/EEPROM command*/
#define CMD_IDLE 0          //Stand-By
#define CMD_READ 1          //Byte-Read
#define CMD_PROGRAM 2       //Byte-Program
#define CMD_ERASE 3         //Sector-Erase
/*Define ISP/IAP/EEPROM operation const for IAP_CONTR*/
//#define ENABLE_IAP 0x80 //if SYSCLK<30MHz
//#define ENABLE_IAP 0x81 //if SYSCLK<24MHz
#define ENABLE_IAP 0x82 //if SYSCLK<20MHz
//#define ENABLE_IAP 0x83 //if SYSCLK<12MHz
//#define ENABLE_IAP 0x84 //if SYSCLK<6MHz
//#define ENABLE_IAP 0x85 //if SYSCLK<3MHz
//#define ENABLE_IAP 0x86 //if SYSCLK<2MHz
//#define ENABLE_IAP 0x87 //if SYSCLK<1MHz
#define IAP_ADDRESS 0x0000
/*-------------------------------------------------
  Port define
-------------------------------------------------*/
#define  LED_DA P1
sbit LED_A1=P2^0;
sbit LED_A2=P0^2;
sbit LED_A3=P3^7;
//
sbit I2C_SDA=P2^6;
sbit I2C_SCL=P2^5;
sbit DRDY_M=P2^7;
//sbit SA0_A=P3^7;
//
sbit RS485_TE=P0^0;
sbit KEY1=P3^4;
/*-------------------------------------------------
  Function declaration
-------------------------------------------------*/
/*-------------------------------------------------
  Public variable declaration
-------------------------------------------------*/
uchar  display_ram[3];
```

```c
uchar dimmer;
int max_Mx,max_My,max_Mz;
int min_Mx,min_My,min_Mz;

/*------------------------------------
  Delay function
  Parameter: unsigned char dt
  Delay time=dt us
------------------------------------*/
void delay_us(uchar dt)
{
do  {
    _nop_();
    _nop_();
    _nop_();
    _nop_();
    _nop_();
    _nop_();
    _nop_();
    _nop_();
    }while (--dt);
}
/*------------------------------------
  Delay function
  Parameter: unsigned int dt
  Delay time=dtms
------------------------------------*/
void delay_ms(uint dt)
{
register uchar bt,ct;
for (; dt; dt--)
   for (ct=12;ct;ct--)
      for (bt=248; --bt; );
}


/*--------------------------
Disable ISP/IAP/EEPROM function
```

```
Make MCU in a safe state
---------------------------*/
void IapIdle()
{
ISP_CONTR = 0;          //Close IAP function
ISP_CMD = 0;            //Clear command to standby
ISP_TRIG = 0;           //Clear trigger register
ISP_ADDRH = 0x80;       //Data ptr point to non-EEPROM area
ISP_ADDRL = 0;          //Clear IAP address to prevent misuse
}
/*---------------------------
Read one byte from ISP/IAP/EEPROM area
Input: addr (ISP/IAP/EEPROM address)
Output:Flash data
---------------------------*/
uchar IapReadByte(uint addr)
{
uchar dat;              //Data buffer
ISP_CONTR = ENABLE_IAP; //Open IAP function, and set wait time
ISP_CMD = CMD_READ;     //Set ISP/IAP/EEPROM READ command
ISP_ADDRL = addr;       //Set ISP/IAP/EEPROM address low
ISP_ADDRH = addr >> 8;  //Set ISP/IAP/EEPROM address high
ISP_TRIG = 0x46;        //Send trigger command1 (0x46)
ISP_TRIG = 0xb9;        //Send trigger command2 (0xb9)
_nop_();                //MCU will hold here until ISP/IAP/EEPROM
//operation complete
dat = ISP_DATA;         //Read ISP/IAP/EEPROM data
IapIdle();              //Close ISP/IAP/EEPROM function
return dat;             //Return Flash data
}
/*---------------------------
Program one byte to ISP/IAP/EEPROM area
Input: addr (ISP/IAP/EEPROM address)
dat (ISP/IAP/EEPROM data)
Output:-
---------------------------*/
void IapProgramByte(uint addr, uchar dat)
```

```
{
    ISP_CONTR = ENABLE_IAP;     //Open IAP function, and set wait time
    ISP_CMD = CMD_PROGRAM;      //Set ISP/IAP/EEPROM PROGRAM command
    ISP_ADDRL = addr;           //Set ISP/IAP/EEPROM address low
    ISP_ADDRH = addr >> 8;      //Set ISP/IAP/EEPROM address high
    ISP_DATA = dat;             //Write ISP/IAP/EEPROM data
    ISP_TRIG = 0x46;            //Send trigger command1 (0x46)
    ISP_TRIG = 0xb9;            //Send trigger command2 (0xb9)
    _nop_();                    //MCU will hold here until ISP/IAP/EEPROM
    //operation complete
    IapIdle();
}
/*---------------------------
Erase one sector area
Input: addr (ISP/IAP/EEPROM address)
Output:-
----------------------------*/
void IapEraseSector(uint addr)
{
    ISP_CONTR = ENABLE_IAP;     //Open IAP function, and set wait time
    ISP_CMD = CMD_ERASE;        //Set ISP/IAP/EEPROM ERASE command
    ISP_ADDRL = addr;           //Set ISP/IAP/EEPROM address low
    ISP_ADDRH = addr >> 8;      //Set ISP/IAP/EEPROM address high
    ISP_TRIG = 0x46;            //Send trigger command1 (0x46)
    ISP_TRIG = 0xb9;            //Send trigger command2 (0xb9)
    _nop_();                    //MCU will hold here until ISP/IAP/EEPROM
    //operation complete
    IapIdle();
}
/*****************************************************************
函数：I2C_Init()
功能：I2C 总线初始化，使总线处于空闲状态
说明：在 main() 函数的开始处，应当执行一次本函数
*****************************************************************/
void I2C_Init()
{
    I2C_SCL = 1;  delay_us(10);
```

```
I2C_SDA = 1;   delay_us(10);
}
```

```
/********************************************************************
函数：I2C_Start()
功能：产生 I2C 总线的起始条件
说明：SCL 处于高电平期间，当 SDA 出现下降沿时，启动 I2C 总线
      本函数也用来产生重复起始条件
*********************************************************************/
void I2C_Start()
{
I2C_SDA = 1;   delay_us(10);
I2C_SCL = 1;   delay_us(10);
I2C_SDA = 0;   delay_us(10);
I2C_SCL = 0;   delay_us(10);
}
```

```
/********************************************************************
函数：I2C_Stop()
功能：产生 I2C 总线的停止条件
说明：SCL 处于高电平期间，当 SDA 出现上升沿时，停止 I2C 总线
*********************************************************************/
void I2C_Stop()
{
I2C_SDA = 0;   delay_us(10);
I2C_SCL = 1;   delay_us(10);
I2C_SDA = 1;   delay_us(10);
}
```

```
/********************************************************************
函数：I2C_GetAck()
功能：读取从机应答位（应答或非应答），用于判断：从机是否成功接收主机数据
返回：0 — 从机应答
      1 — 从机非应答
说明：从机在收到每一个字节后都要产生应答位，主机如果收到非应答则应当终止传输
*********************************************************************/
bit I2C_GetAck()
```

```
    {
    bit Ack;
    I2C_SDA = 1;   delay_us(10);
    I2C_SCL = 1;   delay_us(10);
    Ack = I2C_SDA;
    I2C_SCL = 0;   delay_us(10);
    return Ack;
    }
```

/***

函数：I2C_PutAck()

功能：主机产生应答位（应答或非应答），用于通知从机：主机是否成功接收从机数据

参数：Ack = 0：主机应答

Ack = 1：主机非应答

说明：主机在收到每一个字节后都要产生应答，在收到最后一个字节时，应当产生非应答
***/

```
void I2C_PutAck(bit Ack)
    {
    I2C_SDA = Ack;   delay_us(10);
    I2C_SCL = 1;   delay_us(10);
    I2C_SCL = 0;   delay_us(10);
    }
```

/***

函数：I2C_Write()

功能：向 I2C 总线写 1 个字节的数据

参数：dat 是要写到总线上的数据
***/

```
void I2C_Write(unsigned char dat)
    {
    unsigned char t = 8;
    do  {
        I2C_SDA = (bit)(dat & 0x80);
        dat <<= 1;
        I2C_SCL = 1;   delay_us(10);
        I2C_SCL = 0;   delay_us(10);
        } while ( --t != 0 );
```

```
    }


/**********************************************************************
函数 : I2C_Read()
功能 : 从从机读取 1 个字节的数据
返回 : 读取的 1 个字节数据
**********************************************************************/
unsigned char I2C_Read()

{
unsigned char dat;

unsigned char t = 8;

I2C_SDA = 1;        // 在读取数据之前，要把 SDA 拉高，使之处于输入状态

do  {
    I2C_SCL = 1;  delay_us(10);

    dat <<= 1;

    if ( I2C_SDA ) dat++;

    I2C_SCL = 0;  delay_us(10);

    } while ( --t != 0 );

return dat;

    }


/**********************************************************************
函数 : void I2C_run()
功能 : 启动 I2C 总线收发数据
返回 : 0 — 正常，1 — 异常（无应答）
说明 : 参数 Mode 是操作模式，决定 I2C 总线收发格式。常见的收发格式有 3 种，具体如下：
        0 — 接收模式，格式 : S | SLA+R | Data... | P
        1 — 发送模式，格式 : S | SLA+W | Addr | Data... | P
        2 — 带 Sr 接收，格式 : S | SLA+W | Addr | Sr | SLA+R | Data... | P
**********************************************************************/
bit I2C_run

    (
        unsigned char Mode,         // 操作模式
        unsigned char SLA,          // 从机地址
        unsigned char Addr,         // 子地址
        unsigned char *Buf,         // 数据缓冲区
        unsigned char Size          // 数据长度
```

```
)
{
// 启动 I2C 总线
    I2C_Start();
    if ( Mode != I2C_RECV )
    {
// 发送 SLA+W
        I2C_Write(SLA & 0xFE);
        if ( I2C_GetAck() )
        {
            I2C_Stop();
            return 1;
        }
// 发送子地址
        I2C_Write(Addr);
        if ( I2C_GetAck() )
        {
            I2C_Stop();
            return 1;
        }
        if ( Mode == I2C_SEND )
        {
// 发送数据
            do
            {
                I2C_Write(*Buf++);
                if ( I2C_GetAck() )
                {
                    I2C_Stop();
                    return 1;
                }
            } while ( --Size != 0 );
// 发送完毕
            I2C_Stop();
            return 0;
        }
        else
```

```
        {
            I2C_Start();        // 发送重复起始条件
        }
    }
// 发送 SLA+R
    I2C_Write(SLA | 0x01);
    if ( I2C_GetAck() )
    {
        I2C_Stop();
        return 1;
    }
// 接收数据
    for (;;)
    {
        *Buf++ = I2C_Read();
        if ( --Size == 0 )
        {
            I2C_PutAck(1);        // 接收完最后一个数据时发送 NACK
            break;
        }
        I2C_PutAck(0);
    }
// 接收完毕
    I2C_Stop();
    return 0;
}


/*-------------------------------------------------
   UART initialization code.
-----------------------------------------------*/
void UART_initializtion(void)
{
AUXR   = 0x40;
SCON   = 0x42;          // UATR in mode 1 (8 bit), REN=0, TI=1
TMOD  &= 0x0F;
TMOD  |= 0x20;          // Timer 1 is selected as the baud rate generator
TH1    = 178;           // 4800 Bds at 12.000MHz
```

```
TR1    = 1;
//ES = 1;                        // Enable serial interrupt
}


/*------------------------------------------------

----------------------------------------------*/
void LSM303DLH_init(void)
{
uchar d;
d=0x2F;//0x27;//
I2C_run(I2C_SEND,0x30,0x20,&d,1);
d=0xC0;//0x40;//
I2C_run(I2C_SEND,0x30,0x23,&d,1);
d=0x18;//0x14;//
I2C_run(I2C_SEND,0x3C,0x00,&d,1);
d=0x20;
I2C_run(I2C_SEND,0x3C,0x01,&d,1);
d=0x00;
I2C_run(I2C_SEND,0x3C,0x02,&d,1);
d=0x06;
I2C_run(I2C_SEND,0x3C,0x09,&d,1);
}
/*------------------------------------------------

----------------------------------------------*/
void get_acc(int *Ax,int *Ay,int *Az)
{
uchar  d[6];
I2C_run(I2C_SrRECV,0x30,0x28,d,1);
I2C_run(I2C_SrRECV,0x30,0x29,d+1,1);
I2C_run(I2C_SrRECV,0x30,0x2A,d+2,1);
I2C_run(I2C_SrRECV,0x30,0x2B,d+3,1);
I2C_run(I2C_SrRECV,0x30,0x2C,d+4,1);
I2C_run(I2C_SrRECV,0x30,0x2D,d+5,1);
*Ax = (int) (d[0] << 8) + d[1];
*Ay = (int) (d[2] << 8) + d[3];
```

```
*Az = (int) (d[4] << 8) + d[5];
}
/*-----------------------------------------------

-----------------------------------------------*/
void get_mag(int *Mx,int *My,int *Mz)
{
uchar  d[6];
I2C_run(I2C_SrRECV,0x3C,0x02,d,1);
I2C_run(I2C_RECV,0x3C,0x03,d,6);
*Mx = (int) (d[0] << 8) + d[1];
*My = (int) (d[2] << 8) + d[3];
*Mz = (int) (d[4] << 8) + d[5];
}
/*-----------------------------------------------

-----------------------------------------------*/
void Calibration(void)
{
int Mx,My,Mz;
max_Mx = 0;
max_My = 0;
max_Mz = 0;
min_Mx = 0;
min_My = 0;
min_Mz = 0;
while (!KEY1);
delay_ms(50);
while (KEY1)
    {
  get_mag(&Mx,&My,&Mz);
    if (Mx>max_Mx) max_Mx = Mx;
        else if (Mx<min_Mx) min_Mx = Mx;
    if (My>max_My) max_My = My;
        else if (My<min_My) min_My = My;
    if (Mz>max_Mz) max_Mz = Mz;
        else if (Mz<min_Mz) min_Mz = Mz;
```

```
     delay_ms(50);
   }
IapEraseSector(IAP_ADDRESS); //Erase current sector
IapProgramByte(IAP_ADDRESS+0,  (uchar)max_Mx);
IapProgramByte(IAP_ADDRESS+1,  (uchar)(max_Mx>>8));
IapProgramByte(IAP_ADDRESS+2,  (uchar)max_My);
IapProgramByte(IAP_ADDRESS+3,  (uchar)(max_My>>8));
IapProgramByte(IAP_ADDRESS+4,  (uchar)max_Mz);
IapProgramByte(IAP_ADDRESS+5,  (uchar)(max_Mz>>8));
IapProgramByte(IAP_ADDRESS+6,  (uchar)min_Mx);
IapProgramByte(IAP_ADDRESS+7,  (uchar)(min_Mx>>8));
IapProgramByte(IAP_ADDRESS+8,  (uchar)min_My);
IapProgramByte(IAP_ADDRESS+9,  (uchar)(min_My>>8));
IapProgramByte(IAP_ADDRESS+10,  (uchar)min_Mz);
IapProgramByte(IAP_ADDRESS+11,  (uchar)(min_Mz>>8));
while (!KEY1);
delay_ms(50);
//printf("max=%d,%d,%d\n",max_Mx,max_My,max_Mz);
//printf("min=%d,%d,%d\n",min_Mx,min_My,min_Mz);
}
/*-----------------------------------------------

--------------------------------------------*/
float calculate_azimuth()
{
int Ax,Ay,Az;
int Mx,My,Mz;
float pitch, roll;
float Hy,Hx,H;
float Mx_,My_,Mz_;
get_acc(&Ax,&Ay,&Az);
//printf("Ax=%d,Ay=%d,Az=%d\n",Ax,Ay,Az);
get_mag(&Mx,&My,&Mz);
//printf("Mx=%d,My=%d,Mz=%d\n",Mx,My,Mz);
pitch = atan(Ax/sqrt((float)Ay*Ay+(float)Az*Az));
roll = -atan(Ay/sqrt((float)Ax*Ax+(float)Az*Az));
//atan((float)Ay/Az);//
```

```
Mx_ = (float)(Mx-((max_Mx+min_Mx)/2))/(max_Mx-min_Mx);
My_ = (float)(My-((max_My+min_My)/2))/(max_My-min_My);
Mz_ = (float)(Mz-((max_Mz+min_Mz)/2))/(max_Mz-min_Mz);
Hx = Mx_*cos(pitch)+My_*sin(pitch)*sin(roll)-Mz_*sin(pitch)*cos(roll);
Hy = My_*cos(roll)+Mz_*sin(roll);
if (Hy>0.0)
    {
    H = 90.0-atan(Hx/Hy)*(180.0/PI);
    }
    else if (Hy<0.0)
    {
    H = 270.0-atan(Hx/Hy)*(180.0/PI);
    }
    else
    {
    if (Hx<0.0)
        H = 180.0;
        else
        H = 0.0;
    }
if (H<270.0)//rrr
    H += 90.0;
    else
    H -= 270.0;
return H;
}
/*-----------------------------------------------

-----------------------------------------------*/
void nmea0183_send(unsigned char * ch)
{
unsigned char i,k;
putchar('$');
k = 0;
for (i=0; ch[i]!='\0'; i++)
    {
    putchar(ch[i]);
```

```
        k ^= ch[i];
    }
putchar('*');
i = k >> 4;
putchar((i<10) ? (i+'0') : (i-10+'A'));
i = k & 0x0F;
putchar((i<10) ? (i+'0') : (i-10+'A'));
//putchar(0x0D);//<CR>
putchar(0x0A);//<LF>
}
/*-----------------------------------------------

-------------------------------------------------*/
void make_HCHDM(float phi,unsigned char * send_buf)
{
unsigned int temp;
send_buf[0] = 'H';
send_buf[1] = 'C';
send_buf[2] = 'H';
send_buf[3] = 'D';
send_buf[4] = 'M';
send_buf[5] = ',';
temp = phi*10.0+0.5;
send_buf[10] = (temp % 10) + '0';
temp /= 10;
send_buf[6] = ((temp/100) % 10) + '0';
temp %= 100;
send_buf[7] = (temp / 10) + '0';
send_buf[8] = (temp % 10) + '0';
send_buf[9] = '.';
send_buf[11] = ',';
send_buf[12] = 'M';
send_buf[13] = '\0';
}
/*-----------------------------------------------

-------------------------------------------------*/
```

```c
void make_HCHDG(float phi,unsigned char * send_buf)
{
unsigned int temp;
send_buf[0] = 'H';
send_buf[1] = 'C';
send_buf[2] = 'H';
send_buf[3] = 'D';
send_buf[4] = 'G';
send_buf[5] = ',';
temp = phi*10.0+0.5;
send_buf[10] = (temp % 10) + '0';
temp /= 10;
send_buf[6] = ((temp/100) % 10) + '0';
temp %= 100;
send_buf[7] = (temp / 10) + '0';
send_buf[8] = (temp % 10) + '0';
send_buf[9] = '.';
send_buf[11] = ',';
send_buf[12] = ',';
send_buf[13] = ',';
send_buf[14] = ',';
send_buf[15] = '\0';
}
/*---------------------------------------------

-------------------------------------------*/
void make_HEHDT(float phi,unsigned char * send_buf)
{
unsigned int temp;
send_buf[0] = 'H';
send_buf[1] = 'E';
send_buf[2] = 'H';
send_buf[3] = 'D';
send_buf[4] = 'T';
send_buf[5] = ',';
temp = phi*10.0+0.5;
send_buf[10] = (temp % 10) + '0';
```

```
temp /= 10;
send_buf[6] = ((temp/100) % 10) + '0';
temp %= 100;
send_buf[7] = (temp / 10) + '0';
send_buf[8] = (temp % 10) + '0';
send_buf[9] = '.';
send_buf[11] = ',';
send_buf[12] = 'T';
send_buf[13] = '\0';
}
//
//************* 调显示器亮度程序 *********************//
void change_light(void )
{
if(KEY1==0)
    {
        delay_ms(10);
        if(KEY1==0)
            {dimmer++;if(dimmer>=4)dimmer=0;
            while(KEY1==0);//等待按键释放
            }
    }
}
//************* 调显示器亮度程序结束 ******************//
/*------------------------------------------------
    void main(void)
------------------------------------------------*/
#define AVERAGE_NUN 10
#define SAMPLE_TIME 1
void main(void)
{
uchar i,k;
uchar key1_reg,key1_timer;
uchar idata send_buf[16];
int temp;
float theta,phi;
float xdata omega[AVERAGE_NUN];
```

```
IE =0;
//SA0_A = 0;
P0 = 0x00;
P0M0 = 0x00;
P0M1 = 0x04;
P2 = 0xFE;
P2M0 = 0xE0;
P2M1 = 0x61;
P3 = 0x7F;
P3M0 = 0x00;
P3M1 = 0x80;
P1 = 0xFF;
P1M0 = 0x00;
P1M1 = 0x00;
TMOD = 0x22;
TH0 = 0x06;
TR0 = 1;
dimmer = 3;
key1_reg = 3;
key1_timer = 0;
UART_initializtion();
I2C_Init();
LSM303DLH_init();
max_Mx = IapReadByte(IAP_ADDRESS+0) | ((int)IapReadByte(IAP_ADDRESS+1)<<8);
max_My = IapReadByte(IAP_ADDRESS+2) | ((int)IapReadByte(IAP_ADDRESS+3)<<8);
max_Mz = IapReadByte(IAP_ADDRESS+4) | ((int)IapReadByte(IAP_ADDRESS+5)<<8);
min_Mx = IapReadByte(IAP_ADDRESS+6) | ((int)IapReadByte(IAP_ADDRESS+7)<<8);
min_My = IapReadByte(IAP_ADDRESS+8) | ((int)IapReadByte(IAP_ADDRESS+9)<<8);
min_Mz = IapReadByte(IAP_ADDRESS+10) | ((int)IapReadByte(IAP_ADDRESS+11)<<8);
//printf("max=%d,%d,%d\n",max_Mx,max_My,max_Mz);
//printf("min=%d,%d,%d\n",min_Mx,min_My,min_Mz);
IE = 0x82;
RS485_TE = 1;//485 发送状态
//************************************************************
// 起动流线显示
    display_ram[0] = 20;
    display_ram[1] = 20;
```

```c
  display_ram[2] = 19;                           //
    delay_ms(300);                                        //亮0.3秒
  display_ram[0] = 20;
  display_ram[1] = 19;
  display_ram[2] = 20;                           //
    delay_ms(300);                                        //亮0.3秒
  display_ram[0] = 19;
  display_ram[1] = 20;
  display_ram[2] = 20;                           //
    delay_ms(300);                                        //亮0.3秒
  display_ram[0] = 8;
  display_ram[1] = 8;
  display_ram[2] = 8;                     // 测试显示器完好（888全亮状态）
  delay_ms(1000);                              //亮1秒
//
//
//***************** 电源开机时技术人员参数设定程序 ********************//
if(KEY1==0)
{
  delay_ms(10);
  if(KEY1==0)
  {display_ram[0] = 12;        // 显示CAL，进入设定程序
    display_ram[1] = 10;
    display_ram[2] = 17;
    Calibration();             // 调整设定状态程序
//
  }
}
//
//*******************************************************//
// 以下主循环程序

while (1)
  {
   k = 1;
   theta = calculate_azimuth();
   omega[0] = theta;
```

```
    for (i=1;i<AVERAGE_NUN;i++)
        {
//       delay_ms(SAMPLE_TIME);
    change_light();//调亮度键检测//         delay_ms(SAMPLE_TIME);
        phi = calculate_azimuth();
        temp = fabs(theta-phi);
        if (temp >= 300)
            {
            if (theta > phi)
                phi += 360.0;
                else
                {
                theta += 360.0;
                if (i==1) omega[0] = theta;
                }
            theta = (theta*k+phi)/(k+1);
            k++;
            }
            else if (temp <= 60)
            {
            theta = (theta*k+phi)/(k+1);
            k++;
            }
        omega[i] = phi;
        if (key1_reg & 0x80)
            {
            display_ram[0] = 12;
            display_ram[1] = 10;
            display_ram[2] = 17;
            Calibration();
            key1_reg = 0x03;
            }
            else if (key1_reg == 0x01)
            {
            key1_reg = ((key1_reg<<1) | KEY1) & 0x03;
            dimmer = (dimmer+1) % 4;
            }
```

```
    if ((key1_reg & 0x01) != KEY1)
        {
        key1_reg = ((key1_reg<<1) | KEY1) & 0x03;
        }
    if ((key1_reg & 0x01) == 0)
        {
        key1_timer++;
        if (key1_timer >= 100)
            {
            key1_timer = 0;
            key1_reg |= 0x80;
            }
        }
    }//End of "for (i=1;i<AVERAGE_NUN;i++)"
//printf("k1=%d\n",(uint)k);/////////
k = 0;
phi = 0.0;
for (i=0;i<AVERAGE_NUN;i++)
    {
    if (fabs(theta-omega[i])<2.0)
        {
        phi += omega[i];
        k++;
        }
    }
if (k) phi /= k;
    else phi = theta;
//printf("k2=%d\n",(uint)k);/////////
if (phi > 360.0)
    phi -= 360.0;
//    RS485_TE = 1;
make_HCHDM(phi,send_buf);
nmea0183_send(send_buf);
delay_ms(SAMPLE_TIME);
change_light();//调亮度键检测 //          delay_ms(SAMPLE_TIME);
make_HCHDG(phi,send_buf);
nmea0183_send(send_buf);
```

```
        delay_ms(SAMPLE_TIME);
        change_light();//调亮度键检测//           delay_ms(SAMPLE_TIME);
        make_HEHDT(phi,send_buf);
        nmea0183_send(send_buf);
        change_light();//调亮度键检测//           delay_ms(SAMPLE_TIME);
          //printf("$HCHDM,%d.%d,M*27\n",temp,(uint)i);
          temp = phi + 0.5;
          display_ram[2] = temp % 10;
          if (temp<10)
              {
              display_ram[1] = 20;
              display_ram[0] = 20;
              }
              else
              {
              temp /= 10;
              display_ram[1] = temp % 10;
              if (temp<10)
                  {
                  display_ram[0] = 20;
                  }
                  else
                  {
                  temp /= 10;
                  display_ram[0] = temp % 10;
                  }
              }
          delay_ms(SAMPLE_TIME);
//
          }
     }


/*-------------------------------------
  3 LED digital tubes display function
-------------------------------------*/
void display(void) interrupt 1
{
```

```
uchar code dimm_table[]={18,9,6,3};
uchar code disp_table[]={0x81,0xCF,0xE0,0xC4,0x8E,0x94,0x90,0xCD,0x80
,0x84,0x88,0x92,0xB1,0xC2,0xB0,0xB8,0x8A,0xB3,0xA8,0xFE,0xFF};
static uchar disp_count;
disp_count = (disp_count+1) % dimm_table[dimmer];
LED_DA |= 0x7F;
LED_A1 = 0;
LED_A2 = 0;
LED_A3 = 0;
switch (disp_count)
    {
    case 0: LED_DA &= disp_table[display_ram[0]]; LED_A1 = 1; break;
    case 1: LED_DA &= disp_table[display_ram[1]]; LED_A2 = 1; break;
    case 2: LED_DA &= disp_table[display_ram[2]]; LED_A3 = 1; break;
    }
}
/*----------------- 程序结束 ------------------*/
```

实例二
基于 GPS 的电子海图仪关键技术研究

GP-768 型

SUNDA 768 II

摘　要

当前，GPS 电子海图仪已成为商船、渔船、游艇等必备的航海助航设备，它不但能显示海图中的海岸线、岛礁、航标灯、浅滩、地名等信息，还能实时显示船舶的航速、航向、实时船位等动态信息，从而为船舶的航海安全提供必要的保障。GPS 电子海图仪目前国内基本上均依赖于进口，设备价格高，维修困难，加上海上使用条件差，一般设备 3~5 年就得更新，使用成本较大。国内 GPS 海图仪生产厂家很少，大多数也是采用半组装性质的制造方式。研究分析国产化的嵌入式 GPS 电子海图仪的设计生产技术，可促进国产化航海仪器制造技术的提高，拓展嵌入式处理器在航海仪器中的应用，掌握自主核心技术，提高国产化电子海图仪的质量及技术档次。

国产化 GPS 电子海图仪系统采用了 32 位嵌入式处理器作为控制器，大大地增强了处理海图的速度，使电子海图仪的体积得到减小，而产品的稳定性提高，价格成本又大大减少。在系统控制软件设计中，采用了非实时操作系统；文件管理层采用了 DOS 的 FAT16 文件系统对 16M 的文件存储储空间进行管理，从而在嵌入式电子海图仪中也可方便地进行文件的新建和删除操作；硬件驱动层程序如 Nand flash 的读写程序、ROM 芯片的操作程序等都针对专用芯片进行编程。

电子海图仪中使用了自定义的非标准化数字矢量海图。海图数据格式与处理显示方案自成一体，海图数据按点、线、面类型分类，并且按一定的规律连续存储。在显示时，程序根据给出的中心点位置和显示比例范围参数，确定需要显示的空间数据范围，并从海图文件中找出符合显示范围的数据，再从数据中读出图层分层控制信息以实现电子海图的分级显示控制，最后按各类实体对应的符号要素代码绘制相应的符号图形，在内存中快速完成海图的绘制。在船位显示及光标测距中应用了白塞尔法大地主题反算计算方法。

关键字：嵌入式系统；全球定位系统；电子海图

Abstract

Now,GPS electron chat apparatus has been one of the absolutely necessarily part in merchantman,hooker and yacht etc. It can not only display coastline,reef,pharos ,riffle and address name etc. in ocean chat but also display shipping speed,shipping direction and shipping position in real time,therefore,it ensures the safety of the navigation. Almost all of the GPS electron chat apparatus are imported from foreign,the price is very high,servicing is very difficult,and with the bad condition on sea,we have to buy absolutely new one for use,so the cost is very high. There are just a little of factories which made GPS chat,most of them adopt half-assembly ways. Researching and analyzing the design manufacture technology of domestic embedded GPS electron chat apparatus can improve the manufacture technology of domestic navigation apparatus enlarge the application of embedded system in navigation apparatus,control independent core technology,improve the quality and grades of domestic GPS electron chat apparatus.

Domestic GPS electron chat apparatus take the 32 bit embedded processor as controller,improved the speed of calculating chat,reduced the volume of electron chat apparatus,however improved the stability,reduced the cost. It adopt the unreal-time operation system in system control software design; It takes FAT16 file system of DOS in files management layer to realize the management of files storage of 16M,so,we can expediently setup new files or delete files on embedded electron chat apparatus; Hard drivers program like Nand flash read-write program and operation system of ROM etc. are all program at special chip.

Electron chat apparatus adopt the custom and nonstandard digital vector chat. The format of data and the project of display have styles of itself,the chat data sorted with dot,line and surface and stored continuously according to defined rule. When displaying,the program makes the bound of space data which needed according to the site of center and the bound of display scale,and it will find out the accordant date,then it will read out the information of layered chat-layer to realize the display control in grade,finally,it will draw out the sign figure according to the sign element code of all sorts,the process will complete in memory fleetly. the arithmetic of the White Sayre Law Earth Subject Instead Calculated is been adopted in displaying the site of the ship and measuring the distance with cursor.

Key words: Embedded System,Global Positioning System,Electronic Chart

第 1 章

绪　论

1.1　课题背景

近年来，随着科学技术与航海仪器的迅速发展，政府和船主更加关注与航运安全有关的助航设备。其中像 GPS（Global Positioning System）定位仪、电子海图仪等已成为商船、渔船、工作船、游艇等必备的航海设备。GPS 能提供实时的三维位置、三维速度和高精度的时间信息，是一种全球性、全天候、连续的卫星无线电导航系统[1]。电子海图仪也称电子海图显示与信息系统（Electronic Chart Display Information System, ECDIS）[2]，是一种能够同时显示海图信息或其他导航信息的综合助航设备，多功能电子海图显示与信息系统除能完成显示纸质海图所描绘的海岸线、岛礁、航标灯、地名等，还能实时显示船舶的动态位置信息等，此外，还能进行航行路线记录、预设航线等[3]，从而非常直观地为船舶的安全航行提供有力的保障。

我国目前各类千吨以上的船只基本上都得配备像 GPS 定位仪、电子海图仪或带 GPS 的电子海图仪等设备，而目前这些设备基本上均依赖于进口，设备价格高，维修困难，加上海上使用条件差，一般设备 3~5 年就得更换，使用成本较大。而我国国产的航海类设备很少，而且大部分也是组装或贴标销售。当前一般航船常用的 GPS 电子海图导航仪主要分 PC 机系统和嵌入式系统两种[4]。基于 PC 机的电子海图导航仪采用基于 Windows 的 GIS（地理信息系统）软件（如 MapInfo、MapGIS、ArcInfo、ArcGIS）设计，具有系统功能丰富、响应速度快、人机交互界面友好等特点，但成本较高、系统集成度差，不适合作为专业系统使用；而嵌入式 GPS 电子海图仪分为 8 位机和 32 位机，其中 8 位的早期单片机应用系统由于处理器运算能力较弱，资源有限，而且在图形用户界面中实现较为困难，近年来已被淘汰，而 32 位嵌入式处理器组成的电子海图仪系统，由于系统集成度高、硬件成本较低并且运算性能优异，目前得到较多应用。

了解研究国产化的嵌入式 GPS 电子海图仪的设计生产技术，对促进国产化航海仪器制造技术提高，拓展嵌入式处理器在航海仪器中的应用，掌握自主核心技术，提高国产化电子海图仪的质量及技术档次，具有很大的现实意义。

本课题来源于舟山顺达电子有限公司的"GP-768 嵌入式 GPS 电子海图"开发项目，该电子海图仪以 32 位嵌入式处理器为硬件平台，综合应用了 GPS 信息处理、嵌入式 FAT16 文件系统、嵌入式电子海图显示等多项自主新技术。

1.2 国内外概况

1.2.1 国内外发展概况

电子海图仪是当前国际、国内航海及导航界研究的一个热点[5]，是继避碰雷达 (ARPA)、组合导航系统之后，船舶导航方面诞生的又一项高新技术产物。在一些技术先进的航运和工业发达国家，如日本、美国、英国已经有了几代的海图产品，特别是日本，数千条渔船和大部分商船都安装了复杂程度不同的电子海图仪。加拿大、法国、德国、荷兰、挪威、澳大利亚、丹麦、俄罗斯等国家都在积极研制新的电子海图显示与信息系统。据不完全统计，目前世界上安装各类电子海图仪的民用货船、游船、客船、渔船及军用大、中型舰艇约有数十万条之多。我国自 20 世纪 80 年代末开始研制电子海图仪，经过近 30 年的发展，如今也有了一定的应用基础，但同国外产品相比差距还是较大。

目前国内外市场上电子海图仪的产品具有以下几个特点：

（1）功能从单一的海图仪集成为带 GPS 或雷达的综合海图仪，如英国 Raymarine（雷松）公司的 Raymarine C 系列彩色多功能雷达显示器，可实现 GPS 或海图仪功能。最新推出的 RC400 固定 / 便携两用彩色 GPS 海图机，集卫导、海图功能于一身。

（2）显示设备从彩色显像管慢慢地改为采用高分辨率彩色 CRT 显示器及彩色液晶显示器（TFT），并且小尺寸的液晶显示器采用较多。显示器亮度一般分级（可调整）；分辨率从 320 × 240 到 800 × 640 不等。

（3）控制电路分为专用 PC 处理器、单片机处理器和 32 位嵌入式处理器。PC 处理器具有通用性好，开发设计容易，与计算机的软件移植性好等特点，但是生产成本高、稳定性较弱、技术保密性不强；而采用 8 位或 16 位单片机的海图仪控制器具有系统集成度高、性能稳定、开发成本低、软件保密性好的特点，缺点是运行速度较慢；采用 32 位嵌入式处理器的海图仪集中了以上两种处理器的优点，是目前最先进的开发框架系统。

（4）其他功能特点：含内置式世界地图及配海图卡，可存储航路点、航线及航迹；海图旋转模式可设为北向上、航向向上、船首向上；报警功能，到达 / 横向偏差 / 抛锚 / 失去定位报警；航行信息，位置 / 横向偏差 / 对地航速 / 对地航向。

综观 20 世纪电子海图仪的研制、发展状况，21 世纪的电子海图仪将成为民用和军用船舶必需的配套设备，并将推出一批更先进的智能化、多功能、多模式、高精度、高可靠性的电子海图产品[5]，主要表现为：

（1）对电子海图仪的自动化要求继续升级。电子海图仪将优先采用以太网连接，使数据交换、处理能力、数据利用率大大提高。

（2）对高可靠性、高精度的要求将是设计的重要指标。采用信息源双配置、多传感器、多模式工作方式及数据实时处理、滤波、容错处理功能和逻辑职能等多种技术融合为一个整体，形成信息集成化电子海图仪。

（3）不但有来自本船各测量设备的信息，还通过国际移动通信卫星终端及其他卫星通讯设备、全球海上遇险和安全系统等各种途径获得本船和其他船只的位置、航向、航速、船名、船的类型以及机动参数等更可靠、更正确的信息，完成与管理者和舰船的双向数据通信，并允许管理用户查询船位和航行轨迹，也可将本船状态通过通讯卫星发往岸上管理（或指挥）中心，这样从通讯卫星上收到的信息不但有本船的，也有其他船的，使电子海图显示与信息系统的可信度和精度大大提高。

（4）智能控制技术推广使用，提供智能决策辅助，实现舰船导航、控制、避碰的自管理等功能。

今后多功能电子海图仪将以组合导航系统为发展方向，在现代高科技的技术支持下，集成各种设备，在一个统一的平台下完成高精度、高可靠性、全球全天候、连续以至自动导航。组合导航系统将借助于电子计算机技术，将不同特色的单个导航设备或系统有机地结合在一起，通过对多种导航信息的综合处理，达到提高系统精度和可靠性，同时不断提高单个设备的功能，提高导航性能。

1.2.2　主要关键技术

电子海图仪涉及的主要技术有嵌入式应用技术、GPS 处理技术、电子海图显示技术等。

1. 嵌入式技术

嵌入式系统（Embedded System）是基于微处理器，用以实现某些特定功能的专用计算机系统，它直接嵌入在应用系统中，它与 PC 的不同之处是系统对最终用户不可编程，嵌入式系统主要用于实现对其他设备的控制、监视和管理等功能，通常嵌入在主要设备中运行。当前，以信息通讯为代表的嵌入式技术正在蓬勃发展，在传统的工业自动化生产以及经济、军事、交通、航海等各方面都有着广泛的应用。更为重要的是，大范围的电子商务活动、现代化的日常生活和发达的交通航运业为嵌入式技术提供了巨大的应用空间，数字机顶盒、掌上电脑、多功能手机、基于通信网络的可视电话以及 GPS 定位导航、电子海图仪等嵌入式应用产品不断涌现，给人们的生活和工作带来深刻的变化[6]。随着数字技术和信息技术的发展，当前各种高性能的 32 位嵌入式处理器（Embedded Processor）以其强大的数据运算处理的特点在高精度数据采集、实时控制、调制解调、图形图像处理、视频监控等领域的嵌入式系统设计中得到空前广泛的应用[7]。

（1）嵌入式处理器的基本发展状况动向

嵌入式处理器是嵌入式系统应用的核心，从最早的 4 位、8 位处理器（也称单片机）发展到了现在的 32 位处理器。国内的 32 位嵌入式开发近两年来异常火爆，基于 32 位

SOC 芯片的应用系统能够大大提高产品的性能和附加值，增强产品的市场力，因此越来越多的工程师开始将目光从 8 位 /16 位转移到 32 位微处理器上。当前在 32 位嵌入式微处理器市场上，基于 ARM 内核的微处理器在市场上处于绝对的领导地位，ARM 内核技术的发展趋势主要表现在四方面：

①高度集成化的 SOC 趋势。ARM 公司是一家 IP 供应商，其核心业务是 IP 核以及相关工具的开发和设计。半导体厂商通过购买 ARM 公司的 IP 授权并结合自身已有的技术优势来生产自己的微处理器芯片。从而产生了一大批高度集成、各具特色的 SOC 芯片。例如 Intel 公司的 XScale 系列集成了 LCD 控制器、音频编 / 解码器，定位于智能 PDA 市场；Atmel 公司的 AT91 系列片内集成了大容量 Flash 和 RAM、高精度 A/D 转换器以及大量可编程 I/O 端口，特别适合于工业控制领域；Philips 公司的 LPC2000 系列片内集成了 128 位宽的零等待 Flash 存储器以及 I^2C、SPI、PWM、UART 等传统接口；Winbond 公司的 W90000X 系列还集成了 VGA 显示功能，特别适合带终端的嵌入式设备。高集成度 SOC 芯片的采用可以带来一系列好处，诸如减少了外围器件和 PCB 面积，提高系统抗干扰能力，缩小产品体积，降低功耗等。ARM 公司的 IP 核也由 ARM7、ARM9 发展到今天的 ARM11 版本。ARM11 囊括了 Thumb-2，CoreSight，TrusZone 等众多业界领先技术，同时由单一的处理器内核向多核发展，为高端的嵌入式应用提供了强大的处理平台。

②软核与硬核同步发展的 SOPC 技术。FPGA 芯片以强大的并行计算能力和方便灵活的动态可重构性，被广泛地应用于各个领域。但是在复杂算法的实现上，FPGA 却远没有 32 位 RISC 处理器灵活方便，所以在设计具有复杂算法和控制逻辑的系统时，往往需要 RISC 和 FPGA 结合使用，SOPC 技术就是在这样的环境下诞生的。SOPC 技术中以 Nios 和 MicroBlaze 为代表的 RISC 处理器 IP 核以及用户以 VHDL 语言开发的逻辑部件可以最终综合到一片 FPGA 芯片中，实现真正的可编程片上系统，此时的嵌入式处理器称之为"软处理器"或"软核"。SOPC 技术的另一个重要分支是嵌入硬核。集高密度逻辑（FPGA）、存储器（SRAM）及嵌入式处理器（ARM/ PPC）于单片可编程逻辑器件上，实现了高速度与编程能力的完美结合。

③与 DSP 技术融合。传统的嵌入式微处理器可以分为微控制器 MCU、微处理器 MPU 和数字信号处理器 DSP，然而随着技术的发展，它们之间的区别也变得越来越模糊，并有逐步融合的趋势。现在不少的 MCU 和 MPU 具备了 DSP 的特征，例如采用哈佛结构、增加了乘加运算指令等；同时不少 DSP 芯片内部也集成了 A/D，D/A，定时 / 计数器和 UART 等。

④开发和调试手段不断完善。随着嵌入式系统的日益复杂化以及开发周期越来越短，开发和调试手段也发生了很大的改变。硬件方面由于 QFP 和 BGA 封装的逐渐普及，使得以探针方式为主的 BDM（背景调试模式）力不从心；以边界扫描接口 (JTAG) 为基础的电路仿真调试手段正在普及，更为先进的片上实时跟踪（Trace) 技术也已浮出水面。软件方面，因为软件规模不断扩大，必须采用嵌入式操作系统来管理软、硬件资源，同时传统的 C 语言和汇编语言混合编程的模式也因为引入面向对象思想以及 C++ 和 Java 语言而发生了很大改变。面向对象语言更适合大规模应用和平台级开发，代码复用和移植

变得更简单。

（2）嵌入式的操作系统

嵌入式操作系统是一种支持嵌入式系统应用的操作系统软件，它是嵌入式系统（包括硬、软件系统）极为重要的组成部分，通常包括与硬件相关的底层驱动软件、系统内核、设备驱动接口、通信协议、图形界面、标准化浏览器等。嵌入式操作系统具有通用操作系统的基本特点，如能够有效管理越来越复杂的系统资源；能够把硬件虚拟化，使得开发人员从繁忙的驱动程序移植和维护中解脱出来；能够提供库函数、驱动程序、工具集以及应用程序。与通用操作系统相比较，嵌入式操作系统在系统实时高效性、硬件的相关依赖性、软件固态化以及应用的专用性等方面具有较为突出的特点。

一般情况下，嵌入式操作系统可以分为两类，一类是面向控制、通信等领域的实时操作系统，如 windriver 公司的 vxworks、isi 的 psos、qnx 系统软件公司的 qnx、ati 的 nucleus 等；另一类是面向消费电子产品的非实时操作系统，这类产品包括个人数字助理（PDA）、移动电话、机顶盒、电子书、webphone 等。

①非实时操作系统。非实时操作系统在简单的嵌入式应用被广泛使用。早期的嵌入式系统中没有操作系统的概念，程序员编写嵌入式程序通常直接面对裸机及裸设备。在这种情况下，通常把嵌入式程序分成两部分，即前台程序和后台程序。前台程序通过中断来处理事件，其结构一般为无限循环；后台程序则掌管整个嵌入式系统软、硬件资源的分配、管理以及任务的调度，是一个系统管理调度程序。这就是通常所说的前后台系统。一般情况下，后台程序也叫任务级程序，前台程序也叫事件处理级程序。在程序运行时，后台程序检查每个任务是否具备运行条件，通过一定的调度算法来完成相应的操作。对于实时性要求特别严格的操作通常由中断来完成，仅在中断服务程序中标记事件的发生，不再做任何工作就退出中断，经过后台程序的调度，转由前台程序完成事件的处理，这样就不会造成在中断服务程序中处理费时的事件而影响后续和其他中断。实际上，前后台系统的实时性比预计的要差。这是因为前后台系统认为所有的任务具有相同的优先级别，即是平等的，而且任务的执行又是通过 FIFO 队列排队，因而对那些实时性要求高的任务不可能立刻得到处理。另外，由于前台程序是一个无限循环的结构，一旦在这个循环体中正在处理的任务崩溃，使得整个任务队列中的其他任务得不到机会被处理，从而造成整个系统的崩溃。由于这类系统结构简单，几乎不需要 RAM/ROM 的额外开销，因而在简单的嵌入式应用被广泛应用。

②实时操作系统。实时系统是指能在确定的时间内执行其功能并对外部的异步事件做出响应的计算机系统。实时操作系统是指具有实时性、能支持实时控制系统工作的操作系统。实时操作系统具有如下特点：规模小，中断被屏蔽的时间很短，中断处理时间短，任务切换很快。

实时操作系统可分为可抢占型和不可抢占型两类。使用实时操作系统的实时性比不使用实时操作系统的系统性能好，其实时性取决于最长任务的执行时间。不可抢占型实时操作系统的缺点也恰恰是这一点，如果最长任务的执行时间不能确定，系统的实时性就不能确定。可抢占型实时操作系统的实时性好，优先级高的任务只要具备了运行的条件，或者说进入了就绪态，就可以立即运行。也就是说，除了优先级最高的任务，其他任务在运行过程中都可能随时被比它优先级高的任务中断，让后者运行。通过这种方式的任务调度保证了系统的实时性，但是，如果任务之间抢占 CPU 控制权处理不好，会产生系统崩溃、死机等严重后果。

（3）嵌入式文件系统

嵌入式文件系统 [8, 9] 是嵌入式系统的重要组成部分，是一个管理嵌入式操作系统的文件输入 / 输出和操作的功能模块，它提供了一系列功能强大的文件输入 / 输出和方便的文件管理，为嵌入式系统和设备提供文件系统支持。选择一种功能完善的文件系统并使之适用于嵌入式产品，有着相当重要的意义。

由于嵌入式设备都具有体积小、可移动的特点，这些特点决定了其存储设备的特殊性：容量适中、体积小、易拆卸、抗机械震动好等等。传统的磁盘设备显然是不适用的，而闪速存储器 Flash 以其诸多优良特性逐渐成为嵌入式存储设备的首选 [10]。

闪速存储器 [11] 是一类非易失性存储器 NVM[12]（Non-Volatile Memory），即使在供电电源关闭后仍能保持片内信息。另外，Flash Memory 还综合了其他非易失性存储器的特点：与 EPROM 相比较，闪速存储器具有明显的优势——系统电可擦除和可重复编程，而不需要特殊的高电压；与 EEPROM 相比较，闪速存储器具有成本低、密度大的特点。然而 Flash 存储器却是一种数据正确性非理想的存储器件，应用中可能会出现坏损数据单元，这又给应用 Flash 存储器的嵌入式系统进行数据管理增添了新的难度。

一般来说，在嵌入式系统中应用闪速存储器的最佳方案是在 Flash 上构建一个文件系统，对 Flash 存储器中的数据进行基于文件编号的存储管理，同时对 Flash 本身的坏损单元提供有效的坏损管理机制 [13]。

Flash 存储器的存储特性也不同于一般存储介质，它的读操作与普通的静态随机存取存储器 SRAM 类似，可以实现完全随机的字节读取，但是它的写操作较为特殊，需要经过“擦除-写入”两个操作过程 [14-16]。当对 Flash 中的一个存储单元进行写操作的时候，首先必须对这个存储单元所在的块（block）执行擦除操作，擦除操作完成后，整个块的内容被清空（通常被设置为 0xFF）；然后对目的单元所在页面（page）执行写入操作，一次性写入整个页面的全部数据内容，操作成功后进行数据正确性的校验。当需要对文件进行数据更新或删除操作时，都需要重复以上的两个过程。

基于上述特殊应用环境和 Flash 芯片特性的双重考虑，嵌入式平台对文件系统提出了如下要求 [17]：

①崩溃恢复（crash-recovery）：嵌入式系统的运行环境一般比较恶劣，但同时又要求较高的可靠性，这就对 Flash 文件系统提出了较高的要求：无论程序崩溃或系统掉电，都不能影响文件系统的一致性和完整性。

②耗损平衡（wear-leveling）：Flash 擦除块擦除次数有限，文件系统对 Flash 的使用必须充分考虑该特性，最好能均匀使用 Flash 的每个块，以延长 Flash 的使用寿命。

③垃圾回收（garbage collection）：任何存储器在分配使用过一段时间后，都会出现空闲区和文件碎片，可能导致系统空间不够用，这就需要进行垃圾回收操作，以保证存

储空间的高效使用。通常 Flash 垃圾回收应以块为单位，回收时先重写块上的全部数据，然后再擦除整个块。

④高效的空间管理机制：为了保证垃圾回收操作的顺利进行，必须保留一部分空闲数据块，用于存储擦除块上的有效数据。

下面是几种常见的嵌入式 Flash 文件系统[18-20]。

①传统的闪存文件系统：当前台式机使用的文件系统大多数是属于这种类型，如 DOS 使用的文件系统。这种文件系统的主要特点是：存储空间的使用信息集中存放在存储器中的某个位置，如 DOS 的 FAT 表。应用到 Flash 存储设备中，其基本结构如图 1-1 所示。

系统记录 （SR，System Record）	文件分配表 （FAT，File Allocation Table）	文件登记表 （FRT，File Register Table）	数据区域 （Data Area）

图 1-1　传统闪存文件系统的基本结构

a. 系统记录：存放存储介质的信息和重要的文件系统信息。介质信息包括 Flash 存储器的类型、存储容量、擦除块数目以及各块上的页面数。文件系统信息包括版本信息、保留块的数目和位置、文件分配表和文件登记表所在位置和大小、数据区域的位置和大小等。

b. 文件分配表：存放 Flash 存储器上所有擦除块的使用状况（free、dirty、used 等）以及每个文件的存储映像。

c. 文件登记表：存放 Flash 文件系统中每个文件的具体信息，如文件编号、文件长度、文件属性以及该文件的存储链表在文件分配表中的入口。

d. 数据区域：存放文件的数据部分。Flash 文件系统中，数据分配的最小单位是 Flash 存储器的一个基本擦除单元，即一个物理块。

该 Flash 文件系统可提供：文件系统的格式化、文件的创建、删除、打开、关闭、读写、文件指针移动、位置读取等基本功能。

②线性文件系统：线性文件系统又称为连续存放文件系统，每个文件相关的所有信息都连续存放在存储器中。与传统的 Flash 文件系统相比，它的实现更简单、读写更快速，更重要的是将文件系统的关键信息分开存放。另外，该文件系统具有较好的安全性，任意部分的破坏只会损坏到单个文件，不会对整个文件系统造成威胁；能保证存储单元的均衡使用，文件系统中没有过度使用的区域，延长了 Flash 的使用寿命。TFS（Tiny File System）是一种典型的线性文件系统，它是由原 Lucent 公司开发的嵌入式系统引导平台 Umon 的一部分。TFS 由多个连续存放的文件块组成，一个文件块包含一个文件的所有信息。同时，TFS 还提供了掉电安全恢复机制。

③日志式闪存文件系统：日志式文件系统[21-25]的基本设计思想是跟踪文件系统的变化。根据实现技术的不同，写入日志区域的信息是不一样的[26]，某些实现技术仅仅写入文件系统的元数据 meta-data[27]，而有些则会记录所有的写操作到日志中。这样，如果崩

溃发生在日志内容被写入之前，那么原始数据仍然在存储介质上，丢失的仅仅是最新的更新内容。如果崩溃发生在真正的写操作时（也就是日志内容更新以后），日志文件系统的日志内容则会显示进行哪些操作，因此系统重启时，它能很容易地根据日志内容快速恢复被破坏的更新。

以上三种 Flash 文件系统各有优缺点：线性文件系统提供了掉电安全恢复机制，但文件的更新操作需要较大的运行开销，即使是很小的修改，也要将整个文件进行重写；日志式文件系统按顺序写入对文件系统的修改，就像作日志记录一样，附加文件记录而不是重写整个闪存块，具有崩溃／掉电安全保护功能；在嵌入式系统中使用 FAT 文件系统来对数据进行管理，这样可以调用 fopen()、fwrite()、fread()、fclose() 等标准文件管理函数来对数据进行访问，大大地方便了嵌入式系统的文件数据管理。经过上述比较，我们最终选择了传统的闪存文件系统 FAT16 作为电子海图仪根文件系统管理 Flash 存储器上的数据和代码。

2. GPS 技术

全球定位系统是美国从 20 世纪 70 年代开始研制，历时 20 年，耗资 200 亿美元，于 1994 年全面建成，具有在海、陆、空进行全方位实时三维导航与定位能力的新一代卫星导航与定位系统[28, 29]。它能在全球范围内，向任意多用户提供高精度的、全天候的、连续的、实时的三维测速、三维定位和授时。全球定位系统由空间部分、地面监控部分和用户接收机三大部分组成。

按目前的方案，全球定位系统的空间部分使用 24 颗（21 颗工作卫星和 3 颗在轨备用卫星）高度约 2.02 万千米的卫星组成卫星星座。21+3 颗卫星均为近圆形轨道，运行周期约为 11 小时 58 分，分布在六个轨道面上（每轨道面四颗），轨道倾角为 55 度。卫星的分布使得在全球的任何地方，任何时间都可观测到四颗以上的卫星，并能保持良好定位解算精度的几何图形（DOP）。卫星不间断地发送自身的星历参数和时间信息，用户接收到这些信息后，经过计算求出接收机的三维位置，三维方向以及运动速度和时间信息。这就提供了在时间上连续的全球导航能力。

地面监控部分包括四个监控站、一个上行注入站和一个主控站。监控站设有 GPS 用户接收机、原子钟、收集当地气象数据的传感器和进行数据初步处理的计算机。监控站的主要任务是取得卫星观测数据并将这些数据传送至主控站。主控站设在范登堡空军基地，它对地面监控部实行全面控制。主控站主要任务是收集各监控站对 GPS 卫星的全部观测数据，利用这些数据计算每颗 GPS 卫星的轨道和卫星钟改正值。上行注入站也设在范登堡空军基地。它的任务主要是在每颗卫星运行至上空时把这类导航数据及主控站的指令注入卫星。这种注入对每颗 GPS 卫星每天进行一次，并在卫星离开注入站作用范围之前进行最后的注入。

GPS 用户接收机的任务是：能够捕获到按一定卫星高度截止角所选择的待测卫星的信号，并跟踪这些卫星的运行，对所接收到的 GPS 信号进行变换、放大和处理，以便测量出 GPS 信号从卫星到接收机天线的传播时间，解译出 GPS 卫星所发送的导航电文，实时地计算出该点的三维位置、三维速度和时间等等信息。

全球定位系统具有性能好、精度高、应用广的特点，是迄今最好的导航定位系统。随着全球定位系统的不断改进，硬、软件的不断完善，应用领域正在不断地开拓，目前除广泛应用于汽车导航、航船导航、飞机导航等交通运输部门外，也已应用于人们的普通通讯工具中[30, 31]。

在嵌入式电子海图应用中，利用 GPS 接收板输出的定位数据、速度航向数据、实时时间等，通过处理器的运算再与电子海图叠加显示，使航行者能直观地了解航船的海域位置、航船速度、航向与时间等信息。

设计带 GPS 的电子海图仪一般采用直接能输出数据的 GPS 接收模块板（OEM 板），它的体积很小，目前最小的尺寸为 $26 \times 26 \times 4.7$（mm），非常适合嵌入式系统的集成。最普通的 GPS 接收模块板价格在 200 元左右。

选择 GPS 接收模块板主要考虑以下几个性能指标：

（1）卫星轨迹。全球有 24 颗 GPS 卫星沿六条轨道绕地球运行（每四颗一组），GPS接收模块就是靠接收这些卫星来进行定位。但一般不会有超过 12 个卫星在地球的同一边，所以一般选择可以跟踪 12 个卫星以下的器件，但所能跟踪的卫星数越多性能越好。大多数 GPS 接收器可以追踪 8~12 颗卫星。计算 LAT/LONG（2 维）坐标至少需要 3 颗卫星。再加一颗就可以计算 3 维坐标。

（2）并行通道。一般消费类 GPS 设备有 2~5 条并行通道接收卫星信号。因为最多可能有 12 颗卫星是可见的（平均值是 8），GPS 接收器必须按顺序访问每一颗卫星来获取每颗卫星的信息。市面上的 GPS 接收器大多数是 12 并行通道型的，这允许它们连续追踪每一颗卫星的信息，12 通道接收器的优点包括快速冷启动和初始化卫星的信息，而且在森林地区可以有更好的接收效果。一般 12 通道接收器不需要外置天线，除非你是在封闭的空间中，如船舱、车厢中。

（3）定位时间。这是指重启 GPS 接收器时，它确定现在位置所需的时间。对于 12通道接收器，如果你在最后一次定位位置的附近，冷启动时的定位时间一般为 3~5 分钟，热启动时为 15~30 秒，而对于 2 通道接收器，冷启动时大多超过 15 分钟，热启动时为2~5 分钟。

（4）定位精度。大多数 GPS 接收器的水平位置定位精度在 5~10 m 左右，但这只是在 SA 没有开启的情况下，目前最高的精度可达 1.0 mm。

（5）DGPS 功能。为了将 SA 和大气层折射带来的影响降为最低，有一种叫作 DGPS发送机的设备。它是一个固定的 GPS 接收器（在 GPS 模块使用现场 100~200 km 的半径内设置），它确切地知道理论上卫星信号传送到的精确时间是多少，然后将它与实际传送时间相比较，然后计算出"差"，这十分接近于 SA 和大气层折射的影响，它将这个差值发送出去，其他 GPS 接收器就可以利用它得到一个更精确的位置读数（5~10 m 或者更少的误差）。许多 GPS 设备提供商在一些地区设置了 DGPS 发送机，供它的客户免费使用，只要客户所购买的 GPS 接收器有 DGPS 功能。因为我们附近没有 DGPS 发送机，因此这个功能对我们这次设计没什么作用。

（6）信号干扰。要获得一个很好的定位，GPS 接收器需要至少可以接收 3~5 颗卫星。

如果你在峡谷中或者两边高楼林立的街道上，或者在茂密的丛林里，你可能不能与足够的卫星联系，从而无法定位或者只能得到2维坐标。同样，如果你在一个建筑里面，你可能无法更新你的位置，一些GPS接收器有单独的天线可以贴在挡风玻璃上，或者一个外置天线可以放在车顶上，这有助于你的接收器得到更多的卫星信号。

（7）其他的物理指标（如大小、重量）。

3. 电子海图技术

"电子海图"是在海测和航海领域使用频率最高的新名词之一，通常我们所指的"电子海图"是一个较模糊的概念，一般把各种数字式海图及其应用系统统称为电子海图。像国际上统称的"电子海图显示与信息系统（ECDIS-Electronic Chart Display and Information System)"、"电子航海图（ENC-Electronic Nautical /Navigational Chart)"、"电子海图（EC-Electronic Chart)"、"子海图系统（ECS- Electronic Chart System)"等都可称作电子海图。

电子海图系统被认为是继雷达/ARPA之后在船舶导航方面又一项伟大的技术革命。从最初纸海图的简单电子复制品发展到综合性的电子海图显示与信息系统（ECDIS），目前已发展成为一种新型的船舶导航系统和辅助决策系统，它不仅能连续给出船位、还能提供和综合与航海有关的各种信息，可实现海图的局部放大缩小、分级显示物标等，能更有效地防范各种险情[32-36]。据不完全统计，目前世界上安装各类电子海图的商船、渔船、客船、游船及军舰在二十万条以上。随着电子海图系统技术的不断完善，最后势必取代沿用了几百年的传统纸海图。

（1）电子海图显示与信息系统数据国际标准

电子海图的数据标准最早是《A.817(19)ECDIS使用性能标准》，它是1995年11月由国际海事组织（IMO）召开的第19次大会正式通过的[37-39]。主要包括序言、ECDIS的定义、系统电子导航海图SENC信息的显示、海图信息的提供与改正、比例尺、其他导航信息的显示、显示方式和相邻区域的生成、颜色和符号、显示要求、航线设计、航路监视和航行记录、精度、与其他设备的连接、性能测试、故障报警和指示、备用装置、电源，该标准对电子海图的发展奠定了基础。接着在1996年12月国际航道测量组织（IHO）增补通过了关于电子海图内容、图标、颜色和ECDIS显示系统的规范[40]，简称IHO S-52（第5版）规范。S-52及其3个附录为"电子导航海图更新指南"、"ECDIS颜色与符号规范"和"ECDIS相关术语集"。IHO的S-57（1996年11月第3版）是关于数字化水文数据的转换和传输标准，它包括物标分类、S-57数据格式，ENC数据库的性能标准，以及ENC的改正概要。该标准是具有法律效力的矢量式电子导航海图的数据交换和传输标准。S-57的新版计划已经提了出来，S-57第4版将能转换所有水道数据，而目前的版本只能处理矢量数据，但现行的产品分类将保持不变。新版也能适应多电子束、气象数据等，第4版工作组的目标日期为2004年。为了保护人们的投资，用户仍然可以继续使用第3版的标准，第4版还应符合ISO的标准，这将使采用商业现存软件(COTS)的S-57数据成为可能。

（2）电子海图显示与信息系统数据种类

自 20 世纪以来，世界上主要海洋国家如美国、中国、日本、加拿大、英国等，都开展了数字海图的生产。但各国的标准（甚至同一个国家的不同部门）存在着明显的差异[41]。主要有以下 3 种情况：一是按海图数据形式的不同分为矢量数字海图和栅格（光栅）数字海图；二是按生产海图机构的不同分为官方数字海图和非官方数字海图；三是按所生产的数字海图标准的不同，可以分为国际标准数字海图（ENC）和非国际标准数字海图。尽管以国际海事测量组织（IHO）为代表的有关国际组织早期出台的均是关于矢量数字海图的标准或规范，并只承认官方出版、更新至最新的并被应用于电子海图系统的ENC，才具有与纸质海图同等的地位。但随着栅格数字海图及非官方矢量数字海图等非国际标准数字海图的发展、成熟与应用的普及，它们的地位正在得到提高，IHO 已经或正在打算对其进行正式或有条件的承认。目前世界上几个主要国家的数字海图生产情况如表 1-1 所示。

表 1-1　世界上几个主要国家的数字海图生产情况

国家	官方数字海图			非官方数字海图	
	S57 标准数字海图	非 S57 标准数字海图	栅格数字海图	非 S57 标准数字海图	栅格数字海图
美国	√	√	√	√	√
英国	√	√	√	√	√
日本	√	√	√	√	√
中国（港、澳、台）	√	√		√	

（3）电子海图发展的现状

在国际标准电子海图方面，海事局系统内部正在加紧有关技术问题的研究。上海海事局去年完成了国际标准电子海图制作软件的设计；天津海事局应用加拿大的软件 HOM 已具备了批量生产 S57 标准 ENC 和 ER（电子海图改正）的能力，目前正与武汉测绘科技大学联合研制 S57 标准电子海图质量控制软件。海司航保部目前已完成了 1:50 万、1:25 万、1:10 万数字海图的建库工作，但是还没有 S57 标准电子海图的生产能力。如果他们解决了 ARC/INFO 系统数据的 S57 输出问题，很快就能够大批量生产 ENC。随着电子海图国际标准日趋完善，电子海图的法律地位将得到肯定。未来将是以区域电子海图协调中心为站点的国际网络化应用模式。

国产化基于 GPS 的电子海图仪设计中采用了非官方的非 S57 标准海图格式，从电子海图数据的制作到应用编程都须符合自定义的格式要求，国产化海图仪适合航船在国内海域（含长江）航行使用。

1.3 课题主要研究工作

本课题针对舟山顺达电子有限公司的 GP-768 嵌入式 GPS 电子海图仪开发平台，介绍分析产品设计中需解决的较关键的技术。

本文中将会对 GPS 海图仪系统设计方案进行简要的分析，在此基础上，将对电子海图仪的文件系统建立方法、自定义海图数据的格式、GPS 的显示处理进行详细的阐述。具体说来，本课题将完成如下的工作：

（1）分析了解嵌入式海图仪应用平台的基本构成，论证硬件及软件等选择的合理性。

（2）分析介绍在 Nand Flash 芯片上建立 FAT16 文件系统的方法。

（3）介绍非国际化标准的自定义电子海图数据的组织结构。

（4）分析介绍电子海图及 GPS 信息的显示原理。

第 2 章

GPS 电子海图仪总体方案

为了更好地实现 GPS 电子海图仪的嵌入式应用，进行总体方案设计时，需要充分考虑 MPU 的强大内置模块功能与外接通讯口，另外对保证系统基本运行的存储器容量、调试接口、操作方式等均应仔细考虑选择，以充分满足系统整体的功能要求。本章将通过对嵌入式 GPS 电子海图仪的需求分析，来分析说明硬件及软件的总体结构框架。

2.1 嵌入式电子海图仪需求分析

在嵌入式设计中，硬件的设计方案与系统功能有着直接的联系，与软件的编程调试也有着密切的联系。因此在嵌入式设计中，硬件设计与软件设计方案应根据系统的整体实现功能综合考虑。由此可见硬件与软件设计方案在一个产品设计中的重要性。

GPS 电子海图仪在设计前应考虑以下问题或具备以下功能：

（1）应用范围的确定：国产化电子海图仪应用范围定为中国海域（包含长江内河航道图），适合中小型航船的国内航行使用。

（2）显示终端选择：采用外置通用显示器，显示配置为 SVGA/800×600/256 COLOR。

（3）MPU 的选择：运算速度符合海图数据运算要求，主频在 50 MHz 以上，通用性高、性价比好、有配套的编译调试器。

（4）存储器（RAM、ROM）选择：品牌好，其次是 RAM 容量大小符合海图显存与缓存大小，并符合运算要求，与 MPU 的速度性能配套，ROM 容量适合程序大小并留出一定余量。

（5）Nand flash 存储器的选择：考虑品牌及容量大小，驱动方式是否方便等。

（6）功能操作方式：因主机整体较小，设计面板键操作不太方便，决定采用遥控或线控。

（7）GPS 的接收处理电路：考虑到主机体积及定位精度等因素，决定采用小体积的 OEM 形式 GPS 接收板，定位精度要求在 15 米左右。

（8）具有串行调试接口用作通讯程序及程序更新，并留一定的备用扩展口。

（9）电源系统定为 10~40 V 直流供电，以符合船上 24 V 供电的要求。

（10）具备一般电子海图的信息显示功能。主机能实现的主要信息显示功能有：实时公历、农历日期及北京时间，本船实时船位（经纬度）及航速航向，光标点的经纬度及距本船的距离与方向，船体四周的海域地形图（可放大与缩小，能显示海区名、航标、水深线等信息），其他综合信息（海水温度、电源电压、卫星状态等）。主机能操作的主要功能有：导航模式、记录自船位、记录 MOB、记录航路点、记录标记、记录航线、编辑自船位、编辑航路点、编辑标记、编辑航线、编辑航迹、查看 MOB、调用航路点、调用自船位、调用航线、调用锚点、显示设置、参数设置、出厂设置、定位设置、测距、日历、资料、对景图等。

2.2　嵌入式电子海图仪的硬件结构

嵌入式电子海图仪硬件组成结构框架如图 2-1 所示，它主要包括以下模块：处理器、存储器（RAM、ROM）、扩展存储设备（Nand Flash）、GPS 模块、遥控控制模块、其他 I/O 设备、通信接口（调试接口）等。

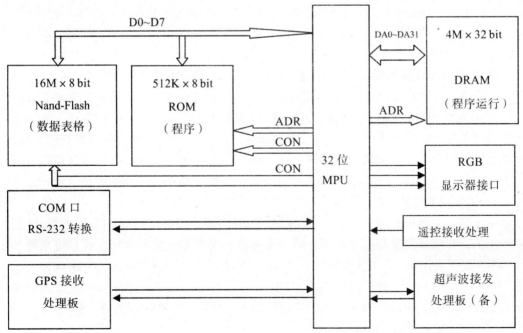

图 2-1　GPS 电子海图仪的硬件组成结构

1. 处理器

嵌入式处理器品种繁多，一般选择的高性能 32 位处理器有 ARM（Advanced RISC Machines）系列、X86 系列、Motolora 系列、MIPS 系列、SH/HP—RISC 系列等。目前市场上 ARM 内核处理器成为普及主流处理器。ARM 公司将其技术授权给世界上许多著名的半导体、软件和 DEM 厂商，目前总共有 30 家半导体公司与 ARM 签订了硬件技术使用许可协议，其中包括 Intel、IBM、LG 半导体、NEC、SONY、菲利浦、国半和三星等大公司。在国内三星公司出品的 S3C44B0X 处理器用得最多，是一款通用型微控制器产品，适合嵌入式系统的实验教学，操作系统及应用程序移植方便。本硬件平台选用了华邦公司的 32 位 ARM RISC 中的 W90000X，主频大于 75 MHz，内带 VGA 驱动，可省去显示器的驱动电路设计；有专用的编译器，可用标准 C 或 C++ 语言进行开发编程；带 2 个准通 UART 通讯口，一个串口用作调试接口与 PC 机超级终端通讯，另一个可用作与 GPS 接收板通讯。另外选用该芯片的原因是该芯片生产后由于开发难度大，没有现成的嵌入式操作系统可移植，需从最低层硬件驱动开始编程，对程序员硬件知识要求很高，当前使用人极少，但价格便宜，产品开发后保密性极高。

2. 存储器（RAM、ROM）

由于 32 位嵌入式处理器都不带存储器，因此必须外接 ROM 来存放程序代码和表格数据。闪速存储器具有非易失性，并且可轻易擦写。因此在嵌入式系统中大量应用 Flash 存储器作为程序的存放。嵌入式电子海图仪采用华邦的 W29C040 闪存器，它的单片存储容量为 512 KB，完全满足系统的需要。

在嵌入式系统中，RAM（Random Access Memory）是程序运行必备的条件。它的读写时间很短，写数据时不必进行擦除，RAM 主要用于数据和堆栈的存放运算。电子海图仪硬件平台中使用两片 HY57V641620HGT-H 组成 4 M × 32 Bit 的内存空间，芯片的时钟频率为 133 MHz。

3. 扩展存储设备（Nand Flash）的选择

Nand Flash 是 Flash 的一种技术规格，其内部采用非线性宏单元模式，为固态大容量存储器的实现提供了有效的解决方案，因此现在得到了越来越广泛的应用，如小体积的 U 盘就是 Nand Flash 存储器的产品。Nand Flash 主要用于应用文件及数据的存放，在电子海图仪硬件平台中选用单片 SAMSUNG 公司的 K9F2808U0C，它的存储容量为 16 MB，满足国内海域电子海图的存放容量要求（一般为 10MB）。

4. GPS 接收处理板

GPS 接收处理板采用十二通道 C/A 码单频 OEM 板，目前市场上 GPS 接收 OEM 板品种很多，功能及质量均较好，选择时主要考虑价格因素及供电电压、接口电平等参数。GPS 电子海图仪中采用 GARMIN 公司的 GPS25-LVS 系列 OEM 板。GARMIN 公司生产的 GPS 25 LVS 型 GPS OEM 板具有优良的品质保障，主要特性有：并行 12 通道接收；重捕时间 <2 s，自动搜索时间 90 s；定位精度：差分（DGPS）情况下 <5 M，非差分 15 M；提供外接天线以帮助接收。

5. 遥控处理电路板

遥控处理电路板主要对遥控器发出的按键码进行读码并进行功能识别，以减少主处理器的运算时间。遥控处理电路采用8位单片机独立控制，并负责电源开关、对主处理器复位监控、遥控码接收处理等工作。

6. 电源

因主板上除标准5V供电外，还需提供3.3V的MPU电压，使用两片LM2576S分别进行电压转换。LM2576S最大输入电压可达45V，不加散热片即可安全工作。

7. 其他

主板采用双面印制板单面贴片安装工艺，结构紧凑，尺寸很小，GPS模块直接插入主板并紧固。此主板也能作为8寸左右的TFT显示屏开发用。

2.3　嵌入式电子海图仪的软件组成

考虑到本系统较大，确定采用C程序编程。遥控接收处理部分可用汇编编写。系统控制程序按对象可分为三层：

（1）硬件驱动层程序：显示器驱动程序、遥控指令码功能程序、Nand Flash读写程序、MPU的初始化配置程序、串口等其他设备驱动程序。

（2）文件管理系统程序。

（3）应用程序／用户程序。

图2-2为GPS电子海图仪的软件层次结构。

应用层	应用程序					
	API 函数					
文件管理层	汉字库		文件系统 FAT16			
	图形用户界面					
硬件驱动层	显示器驱动程序	输入设备驱动程序	Nand Flash驱动程序	MPU初始化程序	I/O驱动程序	其他设备驱动程序
硬件	RGB显示器	遥控器按键等	Flash Memory	MPU	I/O 设备	UART、USB设备

图2-2　GPS电子海图仪的软件层次结构

2.3.1　应用层程序

嵌入式电子海图仪中应用层程序大大小小很多，主要用以实现不同的操作及设置功能（如系统在线下载程序、GPS信息的处理与显示程序、电子海图的显示刷新程序及各种功能按键的操作程序等等）。由于采用非实时操作系统，也不太分得清应用程序与接口函数的界线，通常把嵌入式程序分成两部分，即前台程序和后台程序。前台程序通过中断来处理事件，其结构一般为无限循环；后台程序则掌管整个嵌入式系统软、硬件资源的分配、管理以及任务的调度，是一个系统管理调度程序。这就是通常所说的前后台系统。一般情况下，后台程序也叫任务级程序，前台程序也叫事件处理级程序。在程序运行时，后台程序检查每个任务是否具备运行条件，通过一定的调度算法来完成相应的操作。

2.3.2　文件管理层程序

文件管理层主要是建立嵌入式文件系统，以对 Flash 存储器中的数据进行基于文件编号的存储管理，同时对 Flash 本身的坏损单元提供有效的坏损管理机制。由于没有通用的操作系统可移植，这里使用了 DOS 的 FAT 进行文件管理，因为 Nand Flash 的容量不大，决定用 FAT16 来对海图仪中需使用的文件进行管理。

在 FAT16 文件管理系统程序的编制中，需要有扫描存储器并标记坏存储页的程序，使能对 Nand Flash 存储器进行格式化。在建立 FAT16 文件系统后，嵌入式应用平台上就可使用文件来对数据进行管理，并可以调用 fopen()、fwrite()、fread()、fclose() 等文件管理功能函数对数据进行访问，大大地提高了嵌入式系统的数据管理能力及数据访问速度。

2.3.3　硬件驱动层程序

硬件驱动层程序主要解决与对应的硬件设备操作时的控制及数据、地址传送问题。在嵌入式电子海图仪中主要有：Nand Flash 的读写驱动程序、ROM 芯片的操作驱动程序、VGA 设备的驱动程序、MPU 初始化复位程序等等。

2.4　小结

在嵌入式电子海图仪设计中，硬件设计的成功与否决定了产品的成败。通过以上分析可以看出，基于该硬件平台的海图系统具有体积小、功能强大、显示器选配灵活、生产成本较低、产品保密性高等众多优点，但因没有通用的嵌入式操作系统支持平台，编程复杂，开发难度较大，另外因采用内置自定义格式电子海图，仅适合国内海域使用，当海图更新时需带机从串口下载。

第 3 章

电子海图仪的 FAT16 文件系统

32 位嵌入式微处理器的出现，为嵌入式系统的高速化和大型化应用提供了可靠的硬件平台，但随着系统的大型化，处理和存储的数据量大幅度提高，传统的数据存储器及管理模式不再适用。Nand Flash 芯片的出现，使得嵌入式系统中能构建一个文件系统，以对 Flash 存储器中的数据进行基于文件编号的存储管理，同时对 Flash 本身的坏损单元提供有效的坏损管理机制。文件系统主要考虑具有崩溃恢复（crash-recovery）、耗损平衡（wear-leveling）、垃圾回收（garbage collection）等功能。在电子海图仪中利用 K9F2808U0C 芯片作为海图数据存储器，构建了一个 FAT16 文件系统进行数据的操作管理，这样可以调用标准 fopen()、fwrite()、fread()、fclose() 等 DOS 文件管理功能函数对海图文件、文本文件或图片文件进行访问，大大地方便了嵌入式系统的数据管理能力。

3.1 FAT16 文件管理器的设计

SAMSUNG 公司的 K9F2808U0C 是目前市场上最常用的 Nand Flash，其内部采用非线性宏单元模式，为嵌入式系统中使用固态大容量存储器的实现提供了有效的解决方案，在 GPS 电子海图仪中经格式转换后的海图文件约为 9 M 大小，使用一片 K9F2808U0C 完全满足整个系统的使用要求。K9F2808U0C 采用 8 位数据 / 地址线读写数据，使用 8 条控制线实现操作控制。对芯片的读 / 写 / 擦除命令都是通过置高 CLE 引脚同时向 8 位数据 / 地址线写入命令代码字节来完成。地址的写入则是通过置高 ALE 引脚同时写入地址字节来完成。K9F2808U0C 主要引脚功能如表 3-1 所示。

表 3-1 K9F2808U0C 主要引脚控制功能表

引脚名	功能	引脚名	功能	引脚名	功能
I/O 0-7	数据输入 / 输出	ALE	地址锁存使能	$\overline{WP}$	写保护
$\overline{CE}$	片选	$\overline{RE}$	读使能	$\overline{SE}$	备用区选择
CLE	命令锁存使能	$\overline{WE}$	写使能	R/B	准备好 / 忙 输出

在嵌入式 GPS 电子海图仪中要使用如 fopen()、fwrite()、fread()、fclose() 等文件管理输入 / 输出函数，前提是必须具有文件系统的支持。FAT16 是一种较为常用的文件系统，适合容量在 2 G 以下的存储器中应用，针对嵌入式 GPS 电子海图仪操作特点，选择 MS-DOS 类 FAT16 文件系统，对 K9F2808U0C 存储器进行使用功能分区如下：

（1）16 M 的存储容量分为 1024 个簇，每个簇包含 32 个扇区，每簇为 (16K+512) 字节，每个扇区为（512+16）个字节。

（2）在类 DOS 分区中，不设引导扇区，只设文件分配表（FAT）区、文件目录（FDT）区和数据（DATA）区。

（3）文件分配表（FAT）区、文件目录区等占 1 簇存储容量，位于存储器的最前簇。其余为数据区使用。

K9F2808U0C 存储器的文件管理器结构如图 3-1 所示。

图 3-1 K9F2808U0C 存储器的 FAT16 文件管理器结构

3.2 嵌入式 FAT16 存储原理

3.2.1 文件分配表

FAT 表 (File Allocation Table 文件分配表) 是 Microsoft 在 FAT 文件系统中用于磁盘数据（文件）索引和定位引进的一种链式结构。FAT 表就像一本书中的目录，是文件占用簇情况的链式记录。FAT 表实际上是一个数据表，FAT16 以 2 个字节为单位，我们把这个单位称为 FAT 记录项，通常情况下其第 1、2 个记录项（前 4 个字节）用作介质描述。从第三个记录项开始记录除根目录外的其他文件及文件夹的簇链情况，嵌入式文件分配表中从第三记录项开始直接记录文件的簇链情况。记录项的取值用来描述簇的链接或其他特征，表 3-2 是记录项数值及对应情况描述。

表 3-2　FAT16 记录项的取值含义

FAT16 记录项取值	对应簇情况
0000H	未分配的簇
0002H~FFEFH	已分配的簇
FFF0 H~FFF6 H	系统保留
FFF7 H	坏簇
FFF8 H~FFFF H	文件结束簇

　　图 3-2 是一个文件分配表的例子，上行是簇号，下行是对应簇号内的数据（占两字节）。簇号 2 至 11 是一个文件大小占 10 个簇文件的分配记录表，表中表明，文件存的第一个簇在簇号 2（根据目录项中文件指示的首簇为 2），在找到文件分配表的第 2 簇记录时，上面登记的是 3，我们就能确定文件的下一个记录簇是 3，找到文件分配表的第 3 簇记录，上面登记的是 4，我们就能确定下一簇是 4……直到指到第 11 簇，发现下一个指向是 FF，代表文件结束。一个文件就是按这样的方法在文件分配表中进行记录或查找的。图 3-2 中的簇号 12~65 和簇号 87~93 区是一个簇号不连续的文件记录情况。

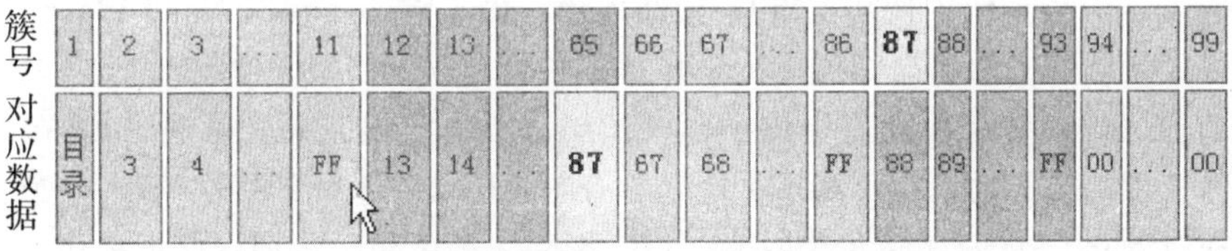

图 3-2　一个文件分配表中的簇链记录

　　嵌入式 GPS 电子海图仪中也使用双文件分配表结构（FAT1、FAT2），当文件系统每次修改 FAT1 时，同时修改 FAT2，使文件系统具有较高的可靠性，无论程序崩溃或系统掉电，都不会影响文件系统的一致性和完整性。

3.2.2　文件目录区

　　在嵌入式 GPS 电子海图仪中不采用多级树形目录结构，而是在文件目录区内直接建立文件。在新创建一个文件时产生一个目录项，存放在文件目录区，一个文件在目录项中的记录包括"文件名及扩展名、文件起始簇号、文件长度、创建日期、修改日期、属性"等内容。图 3-3 是嵌入式电子海图仪中根目录记录区中三个文件的记录格式例子，每一条文件记录占 100 个字节，依次记录了文件名、文件起始簇号、文件长度、创建日期、修改日期、属性。如图中第一个文件 A.TXT 存储在第 2 簇开始单元，共 10K 大小。在读 A.TXT 文件操作时，先从根目录记录区中读到 A.TXT 文件第一个存储簇在 2，然后从 FAT 表中簇号地址 2 中读出下一个记录簇号为 3，再从簇号地址 3 中读出下一个存储簇号 4，最后直到读到 FF 值为止表示文件读完。

文件名	开始簇	文件大小	创建日期、时间	修改日期、时间	读写属性	保留
A.TXT	2	10	2004.3.22 10:41	2004.3.22 10:41	只读	
C.TXT	66	20.5	2000:3:8 21:11	2005:3:8 9:11	系统	
D.TXT	12	60.3	1999:5:1 8:00	2003:3:20 14:0	存档	

文件名（占 50 个字节）　开始簇（占 4 个字节）　文件大小（占 10 个字节）　创建日期、时间（占 10 个字节）　修改日期、时间（占 10 个字节）　读写属性（占 4 个字节）　保留（12 字节）

图 3-3　嵌入式文件系统中根目录区中文件记录格式

3.3　K9F2808U0C 存储器操作函数的设计

　　在嵌入式应用系统中使用 FAT16 文件系统，最关键的是建立 Nand Flash 硬件驱动函数、格式化函数（扫描存储器并记录坏道、统计错误的页数及 PBR 信息等功能）。这两个函数在文件系统层次模型中位于不同的层次，是实现嵌入式系统中 Nand Flash 存储器文件管理最核心的模块。图 3-4 是电子海图仪中文件系统的层次模型。硬件驱动层主要实现对 Nand Flash 存储芯片的读、写、擦除 3 种操作；管理层向下提供一个接口，对 Nand Flash 存储器进行物理页面的映射、新页面分配、旧页面回收等管理，向上提供一个接口供操作接口层调用；文件系统通过 DOS 命令对文件进行读、写、删除、创建、改写等操作。

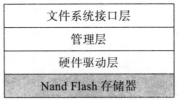

图 3-4　电子海图仪中文件系统的层次模型

3.3.1　K9F2808U0C 存储器的操作特点

　　Nand Flash 存储器的写操作需要经过"擦除–写入"两个操作过程，擦除操作将整个页的数据内容清空（被设置成 0FFH），然后对整个页执行写入操作，写入成功后还要进行数据正确性的校验。K9F2808U0C 存储器每页有 512 个字节及 16 个附加字节。由于采用以页为单位进行读写，字节平均读写时间还是很短的，K9F2808U0C 存储器页擦除时间为 2 ms，任意页访问时间为 10 μs，连续页访问时间为 50 ns。

3.3.2 K9F2808U0C 存储器的操作

图 3-5 为 K9F2808UOC 存储器结构示意图，由图可知，该存储器由 1024 个块（block）组成，每个块有 32 页，每页有 528 字节，这 528 字节分成 A、B、C 三个区。对每一页的寻址需要通过 I/O 口送出 1 个三字节的地址，第二、三字节（A8 ~A23 位）指明寻址页的页地址，第一字节指明页区中的某一字节地址。

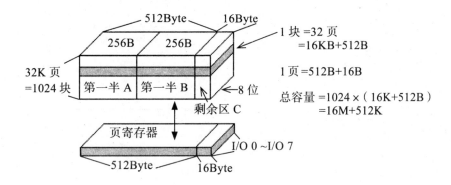

页地址	I/O 0	I/O 1	I/O 2	I/O 3	I/O 4	I/O 5	I/O 6	I/O 7	说明
第一字节	A0	A1	A2	A3	A4	A5	A6	A7	页区内字节地址
第二字节	A8	A9	A10	A11	A12	A13	A14	A15	页地址
第三字节	A16	A17	A18	A19	A20	A21	A22	A23=0	

图 3-5 K9F2808UOC 存储器结构示意图

K9F2808UOC 存储器对页内的分区寻址命令如表 3-3 所示。由表 3-3 可以看出，命令 00H、01H、50H 只是选区指针。选定区的内部单元寻址是由第一个字节决定的，A0~A7 可以最大寻址 256 字节。

表 3–3 K9F2808U0C 存储器操作命令表

命令功能	第一命令字节	第二命令字节	说 明
Read(A)	00H	–	读页内第一半(A)命令：读0~255byte
Read(B)	01H	–	读页内第二半(B)命令：读256~511byte
Read(C)	50H	–	读页内剩余字节(C)命令：读512~527byte
Read ID	90H	–	读ID信息命令
Reset	FFH	–	复位命令
Page Program	80H	10H	页写命令。为2字节命令
Block Erase	60H	D0H	页擦除命令。为2字节命令
Read Status	70H	–	读状态命令

3.3.3　K9F2808U0C 存储器驱动函数

K9F2808U0C 存储器擦除及读写程序操作流程图如图 3-6、图 3-7 和图 3-8 所示。

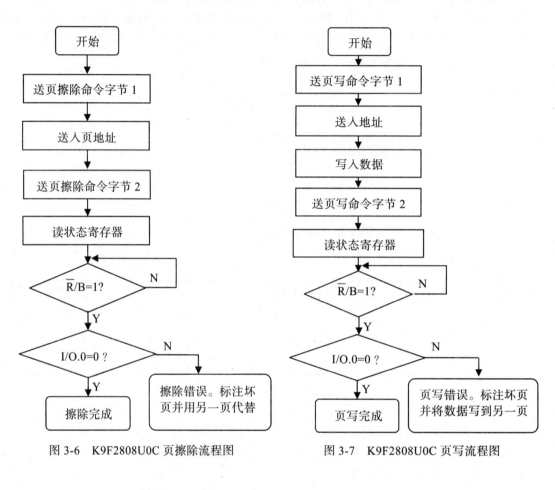

图 3-6　K9F2808U0C 页擦除流程图　　　　　图 3-7　K9F2808U0C 页写流程图

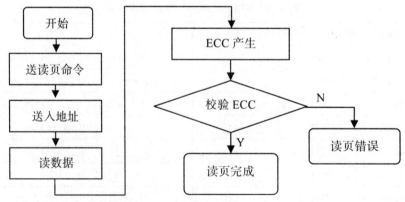

图 3-8　K9F2808U0C 读页流程图

3.3.4　K9F2808U0C 存储器的格式化

GPS 电子海图仪在装入海图前需对 Nand Flash 进行格式化操作。格式化操作时先对整片存储器进行介质的存储测试，以确定字节存储单元能否正常工作，然后按 FAT16 文件系统要求建立 FAT 表，对坏的存储页面进行标注，完成格式化操作后显示整片存储器的可用存储页容量及坏页大小，以下是对 Nand Flash 进行格式化操作的算法步骤。

```
//***************************************//
//          函数名：Format ()
//          功能：格式化存储器
//          返回：Successful, Fail
//***************************************//
```

1. ［变量定义及初始化］

    i, j 为无符号整数；

    err_count ← 0；total_sectors ← 0；fat_sectors ← 0；

2. ［串口 Format 等待提示］

3. ［读写存储器每个单元，标注出坏块］

    如果 ScanMedia () == Fail，结束返回 Fail；

    否则执行下面；

4. ［建立好的物理存储簇地址的逻辑映射表］

    i ← PhysicToLogicTbl ()；

5. ［在第一块物理地址中建立逻辑映射表、FAT 表、文件目录等分区］

    （1）建立字符信息："SEA1.10"、"FAT16" 等

    （2）建立 FAT 表起始地址

    （3）建立 FAT 备份表起始地址

    （4）建立文件名起始地址

    （5）建立保留区起始地址

    （6）获得磁盘大小、坏道大小等信息

    （7）获得能使用的磁盘大小

6. ［建立 FAT 表］

    （1）写介质描述字节单元，FAT 表以 "FF F8FFFF" 开头

    _Sector_Buffer[0] ← 0xff；　　　_Sector_Buffer[1] ← 0xf8；

    _Sector_Buffer[2] ← 0xff；　　　_Sector_Buffer[3] ← 0xff；

    （2）如果 SectorWrite (_Sector_Buffer, _PBR_Info.fat_offset) == Fail

    则串口提示 "Fat write error!!!\n"）；　返回 Fail；

    否则执行以下；

7. ［读取磁盘信息］

    GetPBRInfo ()；

8. [Format 成功，串口提示信息]

(1)"磁盘总字节 ；好字节 ；坏字节 "

(_PBR_Info.disk_total_size * 512l, _PBR_Info.disk_ok_size * 512l,
_PBR_Info.disk_bad_size * 512l)

(2)"版本号 ； 文件系统"

(_PBR_Info.oem_name, _PBR_Info.file_sys_type)

(3)"保留区起始地址 ； 保留区大小"

(_PBR_Info.write_reserved_offset, OFTEN_WRITE_RESERVED * 512)

(4)"FAT 表起始地址 ；FAT 备份表地址"

(_PBR_Info.fat_offset, _PBR_Info.copy_fat_offset)

(5)"文件表起始地址 ；数据区起始地址"

(_PBR_Info.filename_offset, _PBR_Info.data_offset)

(6)"Format ok!!! "

9. [算法结束]

3.4 小结

FAT16 文件系统在嵌入式 GPS 电子海图仪中的应用，极大地方便了整个系统的数据管理，使嵌入式应用系统在控制速度、数据操作管理手段等方面接近 PC 机性能。Nand Flash 芯片在较大的嵌入式系统中应用越来越多，但由于在应用环境、系统资源、存储器品种等方面存在差异，需单独设计文件管理器，这在公用平台推广中会受到一定的限制。

第 4 章

电子海图仪数据的组织结构

电子海图的格式标准直接与硬件及控制软件有关。在当前，电子海图的商业发展先于官方进展，成为引导应用的主力军，另外电子海图的规格、等级参差不齐，中低档次产品的应用先于高档、标准的系统。为了适应国产化嵌入式海图仪平台处理及国内航道应用的特殊性，使用了自定义的非标准化数字矢量海图格式。海图数据格式与处理显示方案自成一体，不能与其他海图显示产品交换使用数据。这样一方面能更好地考虑提高海图显示的速度，另一方面有利于产品开发后的保密安全。

4.1 电子海图仪数据的类型

国产化嵌入 GPS 电子海图仪中海图的数据使用自定义的数字矢量格式，按属性不同分为以下三类数据：

（1）点数据 (标注)。表示海图上的一个点位置，具有经纬度参数或用来说明的中文字符或英文字符、数字等，如助航标志、锚地设施、海上物标、碍航物等。

（2）线数据。表示海图上的一开放线段，有直线、折线、任意弧线。由最小点分辨率的点构成，如航道航线、等深线等。

（3）面数据。表示海图上的由一封闭线条构成的面,代表某一区域面积,如陆地、码头、不同水深区、滩地，都是由不同的普染（颜色）区域显示出来。

4.2　电子海图仪数据的格式

嵌入式电子海图仪中，电子海图数据的格式需按点、线、面类型分类，并且按一定的规律连续存储。从第一个起始地址开始，首先要指明是点、线还是面，另外还需指明点、线或面的类型，如果是线或面数据还应指明有多少个点数据，紧接着是表示点特性的数据。不同的点因属性不同，后面的数据结构也不尽相同。如一条表示线的组成点数据，在存储器中的数据结构如图 4-1 所示。

Int8（标明是线）
Int8（标明线类型）
Int32（标明组成点的个数）
Int32（第一个点经度）
Int32（第一个点纬度）
……
Int32（最后一个点经度）
Int32（最后一个点纬度）

图 4-1　线数据的存储结构

在线数据的存储结构中，第一字节是用来区别是点还是线或面，如 0 表示点，1 表示线，2 表示面。第二个字节是标明线类型的，如 0 表示电缆线，1 表示等深线，一共可表示 256 种线的类型。第 3 到 6 个字节（共 32 位四字节）表示组成线的点的个数，最大点个数可达 2^{32} 个。从第七个字节开始是连续的点的经纬度数据，每个点的经度及纬度各占四个字节，数据是按度分秒的十进进数排列得到的，如 124 度 13 分 58 秒的经度值，在存储器中的值是 1241358（H）。

图 4-2 是面数据的存储结构图，它的特征意义与线数据的结构相似。

Int8（标明是面）
Int8（标明面类型）
Int32（标明组成点的个数）
Int32（第一个点经度）
Int32（第一个点纬度）
……
Int32（最后一个点经度）
Int32（最后一个点纬度）

图 4-2　面数据的存储结构

点数据的存储结构在嵌入式海图系统中有几种不同的结构，因为标征不同类别的点内容不同，因此结构也有差别。图4-3是地名数据的存储结构。前2个字节的意义与线或面一样，因是点数据，所以第三个字节开始就是该点的经纬度数据。接着为了显示地名时的分级控制，有一个表示显示级别的字节，就是控制海图显示在不同的放大倍数下该点地名是否显示，接着的字节是说明地名的标注。当显示点是灯标时，第11个字节是用来表示灯标属性，因不同的灯标图符不同。

Int8（标明是点）
Int8（标明点类型）
Int32（点的经度）
Int32（点的纬度）
Int8（显示级别）
Int8(text[30])（标注）

图 4-3　点（地名）数据的存储结构

图4-4是嵌入式电子海图文件中的点线面数据格式实例。

map1274	map1274	map1274
11300,2200	11300,2200	11300,2200
31,0,660	21,8,2	12,0,9
35380,7766,27,20	32628,7768	20942,18924
路环岛灯塔 闪白 4M12M	31864,6936	20924,18926
5	21,13,5	20878,18988
51570,15176,1,17	19380,12872	21004,19034
闪白 10 秒 15 海里，雷	19984,11820	21072,18970
6	20858,11342	21036,18962
34982,10534,18,15	22548,9902	21000,18960
2 号 闪红 4 秒 3M.雷	23500,9446	20990,18952
7	········	20942,18924

图 4-4　电子海图文件中的点线面数据格式例子

4.3　电子海图仪显示数据的块范围

在嵌入式电子海图显示系统中，为了提高显示的速度，使用了显示区域缓存技术，要显示的数据都是以块为单位组织的。数据块的大小与显示的屏幕尺寸有对应关系，如显示器采用分辨率为 800×600 点，则显示缓存块数据的大小也必须为 4：3，这样电子海图显示数据的块单位可定为经度方向 $120'$，纬度方向为 $90'$。当显示一屏海图数据时，按每点一个字节（256色显示）计算需要的显示缓存为480000字节。图4-5为海图显示缓存数据块中的经纬度比例范围图。

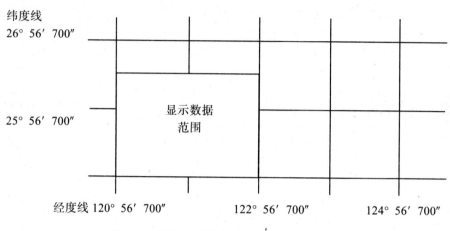

图 4-5　海图显示数据块中的经纬度比例范围

4.4　小结

电子海图仪中海图数据使用自定义数据格式，有利于知识产权的保护，也可大大减小文件数据的容量。自定的数据格式针对运算处理会更快捷，方便实现分级显示、放大缩小等海图操作功能。嵌入式电子海图在制作时需经特别工具转换，数据文件的交换性较差，不适合以后全球性网络式的应用模式。

第 5 章

电子海图 GPS 信息的显示与处理

嵌入式电子海图仪中，由于信息量大，计算复杂，对显示刷新图像的速度要求较高，因此，电子海图仪作为航海技术装备的实时系统，能显示的信息量及效果是最终的品质标志。在嵌入式电子海图仪中，除要求能显示一般电子海图的信息外，还要求能利用 GPS 技术实现实时船位、航速航向显示、光标测距等功能。

5.1 GPS 信息的显示方法

5.1.1 GPS 接收板输出的信息格式

通常 GPS 接收板使用 NMEA-0183 格式输出，数据代码为 ASCII 码字符。NMEA-0183 是美国海洋电子协会为海用电子设备制定的标准格式，目前广泛使用 V2.0 版本。由于该格式为 ASCII 码字符串，比较直观和易于处理，在许多高级语言中都可以直接进行判别、分离，以提取用户所需要的数据。GPS 接收 OEM(Original Equipment Manufacturer) 板可输出 12 句语句，分别是 GPGGA，GPGSA，GPGSV，GPRMC，GPVTG，LCGLL，LCVTG，PGRME，PGRMF，PGRMT，PGRMV，GPGLL。不同的语句中传送不同的信息，如 GARMIN 公司的 GPS25-LVS 接收板中 GPGGA 语句中传送的格式为：

$GPGGA，<1>，<2>，<3>，<4>，<5>，<6>，<7>，<8>，<9>，M，<10>，M，<11>，<12>*hh<CR><LF>

传送的信息意义如下：

$GPGGA：起始引导符及语句格式说明（本句为 GPS 定位数据）

<1> UTC（格林尼治）时间，时时分分秒秒格式

<2> 纬度，度度分分.分分分分格式（第一位是零也将传送）

<3>　纬度半球，N 或 S（北纬或南纬）

<4>　经度，度度分分.分分分分格式（第一位零也将传送）

<5>　经度半球，E 或 W（东经或西经）

<6>　GPS 质量指示，0= 方位无法使用，1= 非差分 GPS 获得方位，2= 差分方式获得方位（DGPS），6= 估计获得

<7>　使用卫星数量，从 00 到 12（第一个零也将传送）

<8>　水平精确度，0.5 到 99.9

<9>　天线离海平面的高度，-9999.9 到 9999.9 米

M：指单位米

<10>　大地水准面高度，-999.9 到 9999.9 米

M：指单位米

<11>　差分 GPS 数据期限（RTCM SC-104），最后设立 RTCM 传送的秒数量（如无 DGPS 为 0）

<12>　差分参考基站标号，从 0000 到 1023（首位 0 也将传送。如无 DGPS 为 0）

*：语句结束标志符

hh：从 $ 开始的所有 ASCII 码的校验和

<CR>　此项在 GPS25-LVS 板中不传送

<LF>　此项在 GPS25-LVS 板中不传送

OEM 板输出的信息平时可在 PC 机的超级终端中显示，也可在公司提供的软件工具中显示，如在 PC 机上看到的实时接收 GPGGA 语句为：

$GPGGA，114641，3002.3232，N，12206.1157，E，1，03，12.9，53.2，M，11.6，M，，*4A

以上表明这是一条 GPS 定位数据信息语句，意思为 UTC 时间为 11 时 46 分 41 秒，位置在北纬 30 度 2.3232 分，东经 122 度 6.1157 分，普通 GPS 定位方式，接收到 3 颗卫星，水平精度 12.9 米，天线离海平面高度 53.2 米，所在地离地平面高度 11.6 米，校验和为 4AH。

GPS 电子海图信息系统中设定了 8 个与 GPS 有关的信息显示窗口，它们是：工作卫星的位置显示窗；工作卫星的接收强度；船位的经纬度；航船的航速；航船的航向；实时北京时间；光标点的经纬度；光标点的距离、方向。其中前 6 个信息是从 GPS 接收板输出的数据中经处理运算后得到的，而光标点的经纬度及距离、方向是按海图显示坐标的相对位置计算出来的。在这些要显示处理的数据中，经纬度数据从地球坐标系到平面坐标系，又到显示坐标系的相互转换最为关键，是最复杂的运算处理。

5.1.2　GPS 位置坐标的变换

世界各国采用的地理坐标系有很多种。在我国，新中国成立后有 1954 年北京坐标系和 1980 年国家大地坐标系。国际标准的坐标系最常用的是 WGS-84 坐标系。WGS-84 坐标系是一种国际上采用的地心坐标系。坐标原点为地球质心，其地心空间直角坐

标系的Z轴指向国际时间局（BIH）1984.0定义的协议地极（CTP）方向，X轴指向BIH1984.0的协议子午面和CTP赤道的交点，Y轴与Z轴、X轴垂直构成右手坐标系，称为1984年世界大地坐标系。这是一个国际协议地球参考系统（ITRS），是目前国际上统一采用的大地坐标系。电子海图仪中使用GPS模块输出的WGS-84坐标系数据。

平面直角坐标系简称平面坐标，即在绘制电子海图时，需要把大地坐标（φ，λ）通过某种投影方式转换为平面直角坐标，在电子海图系统中采用墨卡托投影方式。墨卡托投影，又叫等角圆柱投影，是16世纪荷兰地图学家墨卡托所创始。该投影的特点是具有等角航线的性质，这类投影的地图在航空和航海方面应用最广，电子海图制作使用墨卡托投影法。

屏幕显示坐标系，简称屏幕坐标，即导航系统屏幕上显示的坐标。电子海图应用系统中，在不同的显示比例尺及海图移动状态中，屏幕坐标将不断变化。

在电子海图应用系统中涉及的坐标变换算法，包括WGS-84坐标系数据转换为绘制电子海图时的平面坐标，称之为墨卡托投影正变换；在导航过程中，根据需要显示出海图平面直角坐标对应的WGS-84坐标系经纬度，称之为墨卡托投影逆变换，电子海图文件中给出的位置信息值即平面坐标。同时，也包括了从平面坐标到屏幕坐标之间的正逆变换，而用户在计算机屏幕上看到的即是屏幕坐标。因此，在导航过程中，需要定时接收GPS通过中间变换的平面坐标船位点，最终在不同显示比例尺下的屏幕上显示船位点及WGS-84坐标值。另外，当用户将光标移在海图中某点位置时，需要从屏幕坐标通过中间变换的平面坐标，转换WGS-84坐标系的经纬度值显示出来，另外还要实现任意两点间的距离计算显示等功能。

1. GPS定位坐标正变换方法

所谓正变换是指从WGS-84坐标系到平面坐标系间的变换，主要用于GPS输出的WGS-84坐标系经纬度在电子海图显示平面坐标系中的位置确定。WGS-84坐标系到平面坐标的转换公式属于传统公式[42]，在许多参考文献中均提出了相应的数学模型，实现的精度很高，以下是常用的墨卡托投影正变换法公式：

$$\left.\begin{array}{l} x = r_0 \times \lambda \\ y = r_0 \times q \end{array}\right\} \tag{5.1}$$

式（5.1）中：

q—等量纬度

$$q = \ln\left[\tan\left(45° + \frac{\varphi}{2}\right)\right] - \frac{e}{2} \times \ln\left(\frac{1 + e \times \sin\varphi}{1 - e \times \sin\varphi}\right) \tag{5.2}$$

λ—大地坐标系的经度

r_0—基准纬度的纬圈半径

$$r_0 = N_0 \times \cos\varphi_0 \tag{5.3}$$

式（5.2）和式（5.3）中，N_0为基准纬度外椭球的卯酉圈曲率半径。

$$N_0 = \frac{a}{\sqrt{1 - e^2 \times \sin^2 \varphi_0}} \qquad (5.4)$$

φ_0—墨卡托投影的基准纬度，已知

φ—大地坐标系的纬度

x，y—墨卡托直角坐标

a—地球椭球长半径

e—椭球体第一偏心率

计算得到的 $(x，y)$，是墨卡托投影直角平面的绝对值坐标。在绘制电子海图时，海图坐标的原点不是 $(0，0)$，设海图平面直角坐标原点 $(x_{zero}，y_{zero})$ 为已知，同时考虑到海图比例尺 (S) 以及最后的换算单位为 cm，得最后的正变换公式为：

$$\left. \begin{array}{l} x_0 = \dfrac{x - x_{zero}}{s} \times 100 \\[3mm] y_0 = \dfrac{y - y_{zero}}{s} \times 100 \end{array} \right\} \qquad (5.5)$$

这样就得到绘制海图的平面直角坐标 $(x_0，y_0)$。

2．GPS 定位坐标逆变换方法

所谓逆变换是指从平面坐标系到 WGS-84 坐标系（经纬度）之间的变换，主要用于在电子海图上光标移动时实时显示该点的对应大地经纬度坐标。快速、精确地实现大地坐标到平面坐标的逆转换，涉及解一个复杂的非线性方程问题，相应的文献很少，而有限提及的各种算法，往往需要引入繁杂的计算公式去得到转换的非线性方程的解，如多项式拟合法等，程序实现的难度较大。电子海图显示系统采用简单迭代算法实现墨卡托投影逆变换。可实现由平面直角坐标系中的 $(x_0，y_0)$ 转换成 84 坐标系中的经纬度值 $(\varphi，\lambda)$ 显示。

由墨卡托投影正变换的公式可知，x 和经度 λ 之间是线性关系：

$$\lambda = \frac{x}{r_0} = \frac{x_0 \times s \div 100 + x_{zero}}{r_0} \qquad (5.6)$$

式 (5.6) 中，r_0 的含义同式 (5.1)。

但是 y 和 φ 之间是非线性的，需解方程：

$$y = r_0 \times \left[\ln \left[\tan \left(45° + \frac{\varphi}{2} \right) \right] - \frac{e}{2} \times \ln \left(\frac{1 + e \times \sin\varphi}{1 - e \times \sin\varphi} \right) \right] \qquad (5.7)$$

显然，方程 (5.7) 用常规方法是无法解出的，因此，本算法可采用迭代运算来逼近 φ 值。用 y_{bs} 来表示基准纬度 φ_{bs} 的墨卡托投影绝对坐标，则：

$$y_{bs} = r_0 \times q_{bs} \tag{5.8}$$

y_0 的绝对坐标为：

$$y = y_0 \times s \div 100 + y_{\text{zero}} \tag{5.9}$$

由 (5.1) 式知，$y = r_0 \times q$，则有：

$$\frac{y-y_{bs}}{r_0} = \ln\left[\tan\left(45° + \frac{\varphi}{2}\right)\right] - \ln\left[\tan\left(45° + \frac{\varphi_{bs}}{2}\right)\right] - \frac{e}{2} \times \ln\left[\frac{1+e \times \sin\varphi}{1-e \times \sin\varphi}\right] + \frac{e}{2} \times \ln\left[\frac{1+e \times \sin\varphi_{bs}}{1-e \times \sin\varphi_{bs}}\right]$$

$$\tag{5.10}$$

可以看出式 (5.10) 后两项的值是极小的，实际上这两项是墨卡托投影算法的修正，因此第 1 次计算时可把后两项忽略，得到 U 的近似值 φ_1，φ_1 用下式计算：

$$\frac{y-y_{bs}}{r_0} = \ln\left[\tan\left(45° + \frac{\varphi_1}{2}\right)\right] - \ln\left[\tan\left(45° + \frac{\varphi_{bs}}{2}\right)\right] \tag{5.11}$$

之后进行迭代，把 φ_1 代入 (5.10) 式中第 3 项的 φ，即得

$$\frac{y-y_{bs}}{r_0} = \ln\left[\tan\left(45° + \frac{\varphi}{2}\right)\right] - \ln\left[\tan\left(45° + \frac{\varphi_{bs}}{2}\right)\right] - \frac{e}{2} \times \ln\left[\frac{1+e \times \sin\varphi_1}{1-e \times \sin\varphi_1}\right] + \frac{e}{2} \times \ln\left[\frac{1+e \times \sin\varphi_{bs}}{1-e \times \sin\varphi_{bs}}\right]$$

$$\tag{5.12}$$

从而可以解出 φ。这样计算得到的 φ 值非常逼近 φ 的真实值。通过重复迭代得到结果，增加迭代的次数可提高转换精度。实际上在实现过程中只要迭代 1 次就可以满足该系统的精度要求。

5.1.3 光标测距的算法实现

在 GPS 海图上可以利用光标进行任意两点的距离显示，同时也能显示两点的大地方位角，这称为大地主题解算。大地主题解算的一般概念是指从椭球面上某点的大地经度 L、纬度 B、两点间的大地线长度 S 及其正、反大地方位角 A_{12} 和 A_{21}（通称为大地元素）这些已知某些大地元素中推求另一些大地元素，这样的计算问题叫大地主题解算。

大地主题解算又分为正解和反解。已知 P_1 点的大地坐标（L_1，B_1），P_1 至 P_2 的大地线长 S 及其大地方位角 A_{12}，计算 P_2 点的大地坐标（L_2，B_2）和大地线长 S 在 P_2 点的反方位角 A_{21}，这类问题叫作大地主题正解。如果已知 P_1 和 P_2 点的大地坐标（L_1，B_1）和（L_2，B_2），计算 P_1 至 P_2 的大地线长 S 及其正、反方位角 A_{12} 和 A_{21}，这类问题叫作大地主题反解。大地主题正解和反解，从解析意义上来讲，就是计算大地极坐标与大地平面坐标间的相互变换。在 GPS 电子海图仪中要用到光标的测距，也就是大地主题算法的反算计算。

1. 大地主题算法的分类

由于大地主题解算的复杂性，不同的目的要求及计算工具和技术的发展，一百多年来，许多测量学者提出了种类繁多的解算公式和方法，据不完全统计，目前已有 70 多种。对于这些不同的解算公式具有各自不同的理论基础，按理论基础划分大致可归纳为以下五大类[43]。

（1）以大地线在大地坐标系中的微分方程为基础，直接在地球椭球面上进行积分。大地微分方程为：

$$\left. \begin{aligned} \frac{\mathrm{d}B}{\mathrm{d}S} &= \frac{\cos A}{M} \\[2mm] \frac{\mathrm{d}L}{\mathrm{d}S} &= \frac{\sin A}{N\cos B} \\[2mm] \frac{\mathrm{d}A}{\mathrm{d}S} &= \frac{\tan B}{N}\sin B \end{aligned} \right\} \tag{5.13}$$

这三个方程通过将大地线长度 S 作为独立的变量，将四个变量 B，L，A 和 S 紧紧联系在一起。它们是常一阶微分方程，沿 P_1 和 P_2 点间的大地线弧长 S 积分得

$$\left. \begin{aligned} B_2 - B_1 &= \int_{p_1}^{p_2} \frac{\cos A}{M}\, \mathrm{d}S \\[3mm] L_2 - L_1 &= \int_{p_1}^{p_2} \frac{\sin A}{N\cos B}\, \mathrm{d}S \\[3mm] A_2 - A_1 \pm 180° &= \int_{p_1}^{p_2} \frac{\tan B \sin A}{N}\, \mathrm{d}S \end{aligned} \right\} \tag{5.14}$$

在初等函数中这些积分不能计算，所以其精确值不能求得，必须进行趋近解算，为此需要将上述积分进行变换，方法之一就是运用勒让德级数将它们展开为大地线长度 S 的升幂级数，再逐项计算以达到主题解算的目的。这类解法的典型代表是高斯平均引数公式，其主要特点在与解算精度与距离有关，距离越长，收敛越慢，因此只适用于较短的距离。

（2）以白塞尔大地投影为基础。我们知道，地球椭球的形状与圆球区别不大，在球面上解算大地主题问题可以借助于球面三角学公式简单而严密的进行。因此，如将椭球面上的大地线长度投影到球面上为大圆弧，大地线上的每个点都与大圆弧上的相应点一致，也就是说实现了所谓的大地投影，那么给大地解算工作带来了方便。如果我们已经找到了大地线上某点的数值 B、L、A、S，与球面上的大圆弧相应点的数值的关系式，亦即实现了下面的微分方程：

$$\frac{\mathrm{d}B}{\mathrm{d}\varphi}=f_1,\ \frac{\mathrm{d}L}{\mathrm{d}\lambda}=f_2,\ \frac{\mathrm{d}A}{\mathrm{d}\alpha}=f_3,\ \frac{\mathrm{d}S}{\mathrm{d}\sigma}=f_4 \tag{5.15}$$

积分后，我们就找到了从椭圆面向球面过渡的必要公式。因此按这种思想，可得到大地主题解算的步骤：

①按椭球面上的已知值计算球面相应值，即实现椭球面向球面的过渡；

②在球面上解算大地问题；

③按球面上得到的数值计算椭球面上的相应数值，即实现从圆球向椭球面的过渡。

白塞尔首先提出并解决了投影条件，使这一解法得以实现。这类公式的特点是：计算公式展开 ℓ^2 和 ℓ^2 的幂级数，解算精度与距离长短无关。因此它既适用于短距离解算，也适用于长距离解算。依据白塞尔的这种解法，派生出许许多多的公式，有的是逐渐趋近的解法，有的是直接解法。这些公式大都可适用于两千公里或更长的距离，这对于国际联测、精密导航、远程导弹发射等都具有重要的意义。

（3）利用地图投影理论解算大地问题。如在地图投影中，采用椭球面对球面的正形投影和等距离投影以及椭球面对正平面的正形投影，它们都可以用于解算大地主题，这类解法受距离的限制，只在某些特定情况下才比较有利。

（4）对大地线微分方程进行数值积分的解法。这种解法既不采用勒让德级数，也不采用辅助面，而是直接进行数值积分计算以解决大地主题的解算。这种算法易于编写程序，适用任意长度距离。缺点就是随着距离的增长，计算工作量大，精度降低，而且在近极地区，这种方法无能为力。

（5）依据大地线外的其他线为基础。连接椭球面两点的媒介除大地线之外，当然还有其他一些有意义的线，比如弦线，法截线等。利用弦线解决大地主题实质是三维大地测算问题，由电磁波测距得到法截线弧长。所以对三边测量的大地主题而言，运用法截线进行解法有其优点。当然，这些解算结果还应加上归化至大地线的改正。

2. 白塞尔法大地主题反算计算

高斯平均引数反算公式结构比较简单，收敛快，精度高无须迭代，这些优点使它成为迄今为止短距离大地主题反算的最佳公式。白塞尔法大地主题反算给出的计算步骤清晰简单明了，比较适合与计算机编程。电子海图仪中选用白塞尔法大地主题反算计算公式算出光标距离。

白塞尔法解算大地主题的基本思想是将椭球面上的大地元素按照白塞尔投影条件投影到辅助球面上，继而在球面上进行大地主题解算，最后再将球面上的计算结果换算到椭球面上。只要找出椭球面上的大地元素与球面上相应元素之间的关系式，同时解决在球面上进行大地解算的方法就可以了。为简化计算，白塞尔提出了如下三个投影条件：

（1）椭球的大地线投影到球面上为大圆弧；

（2）大地线和大圆弧上相应点的方位角相等；

（3）球面上任意一点的纬度等于椭球面上相应点的归化纬度。

按照上述条件可以推断在白塞尔投影方法中，方位角投影是保持不变的。在进行大地主题反算时，已知大地线起、终点的大地坐标 L_1、B_1 及 L_2、B_2。求大地线长度 S 及起、终点处的大地正反方位角。

白塞尔法大地主题反算的程序计算方法分四步 [43]：

第一步：[辅助计算]

$$W_1 = \sqrt{1\text{-}e^2 \times \sin^2 B_1} \tag{5.16}$$

$$W_2 = \sqrt{1\text{-}e^2 \times \sin^2 B_2} \tag{5.17}$$

$$\sin\mu_1 = \frac{\sin B_1 \sqrt{1\text{-}e^2}}{W_1} \tag{5.18}$$

$$\sin\mu_2 = \frac{\sin B_2 \sqrt{1\text{-}e^2}}{W_2} \tag{5.19}$$

$$\cos\mu_1 = \frac{\cos B_1}{W_1} \tag{5.20}$$

$$\cos\mu_2 = \frac{\cos B_2}{W_2} \tag{5.21}$$

$$L = L_2 - L_1 \tag{5.22}$$

$$a_1 = \sin\mu_1 \sin\mu_2 \tag{5.23}$$

$$a_2 = \cos\mu_1 \cos\mu_2 \tag{5.24}$$

$$b_1 = \cos\mu_1 \sin\mu_2 \tag{5.25}$$

$$b_1 = \sin\mu_1 \cos\mu_2 \tag{5.26}$$

第二步：[用逐次趋近法同时计算起点大地方位角、球面长度及经差 $\lambda = \iota + \delta$]

第一次趋近时取 $\delta = 0$，

$$p = \cos\mu_2 \sin\lambda \tag{5.27}$$

$$q = b_1 - b_2\cos\lambda \qquad (5.28)$$

$$q = \arctan\frac{p}{q} \qquad (5.29)$$

表 5-1

p 符号	+	+	-	-
q 符号	+	-	+	-
$A_1=$	$\|A_1\|$	$180^{\circ} - \|A_1\|$	$180^{\circ} + \|A_1\|$	$360^{\circ} - \|A_1\|$

表中 $|A_1|$ 为第一象限角值。

$$\sin\sigma = p\sin A_1 + q\cos A_1 \qquad (5.30)$$

$$\cos\sigma = a_1 + a_2\cos\lambda \qquad (5.31)$$

$$\sigma = \arctan\left(\frac{\sin\sigma}{\cos\sigma}\right) \qquad (5.32)$$

表 5-2

$\cos\sigma$ 符号	+	-
σ	$\|\sigma\|$	$180^{\circ} - \|\sigma\|$

表中 $|\sigma|$ 为第一象限角值。

$$\sin A_0 = \cos\mu_1\sin A_1 \qquad (5.33)$$

$$x = 2a_1 - \cos^2 A_0\cos\sigma \qquad (5.34)$$

$$\delta = \left[\alpha\sigma - \beta' x\sin\sigma\right]\sin A_0 \qquad (5.35)$$

对于 1975 年国际椭球系数 α 和 β 的计算公式如下：

$$\left.\begin{aligned}&\alpha = \left[33528130 - \left(28190 - 70\cos^2 A_0\right)\cos^2 A_0\right]\times 10^{-10}\\&\beta' = 2\beta = \left(28190 - 93.4\cos^2 A_0\right)\times 10^{-10}\end{aligned}\right\} \qquad (5.36)$$

用计算得到的 δ 计算 $\lambda_1 = \iota + \delta$。按照上述步骤重新计算得 δ_2，再用 δ_2 计算 λ_2。仿此一直迭代下去，直到最后两次 δ 相同或小于给定的允许值。那样 λ，A_1，σ，x，及 $\sin A_0$ 均采用最后一次计算的结果。

第三步：[计算大地线长度 S]

$$A = 6356755.288 + (10710.341 - 13.534\cos^2 A_0)\cos^2 A_0$$
$$B'' = \frac{2B}{\cos^2 A_0}10710.342 - 18.046\cos^2 A_0 \tag{5.37}$$
$$C'' = 4.512$$

$$y = (\cos^4 A_0 - 2x^2)\cos\sigma$$
$$S = A\sigma + (B''x + C''y)\sin\sigma \tag{5.38}$$

第四步：[计算反方位角]

$$A_2 = \arctan\left(\frac{\cos\mu_1\sin\lambda}{b_1\cos\lambda - b_2}\right) \tag{5.39}$$

最后：[计算结束]

5.2 电子海图数据的显示方法

5.2.1 嵌入式电子海图显示的启动过程

嵌入式电子海图仪在开机工作时，与普通 PC 机一样，需要对外设硬件、内存等进行测试，然后再加载数据到内存进行运算处理显示，开机主要步骤如图 5-1 所示。

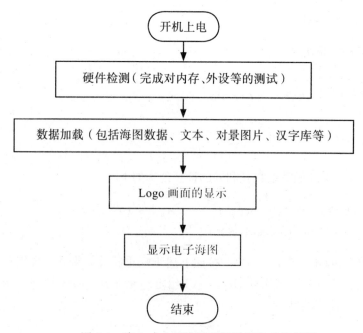

图 5-1　嵌入式电子海图系统开机启动流程图

嵌入式电子海图仪工作前需通过计算机的超级终端拷入处理主程序及至少5个文件才能运行，5个文件是国标汉字库文件、Logo图片文件、文本文件（港口介绍等）、图片文件（航行对景图片）、海图文件。首次拷入文件时需对Nand Flash进行格式化，以后如有图片文件更新等操作，可用DOS命令进行删除或建立。

5.2.2　普通PCX格式图片的显示方法

在嵌入式电子海图仪中，开机后需要显示一幅开机图片，由于嵌入式电子海图系统中内存较小，CPU处理速度有限，对现有计算机流行的图片格式进行比较后，嵌入式电子海图仪中选择了PCX图片格式作为开机显示图片。PCX格式比BMP格式占有存储容量小，比JPG格式图片解压时占有CPU资源也少得多。

显示PCX图片的过程如下：

（1）读取PCX文件头（读出图片文件大小、判断是否是PCX图片、颜色位数等）

（2）读调色板（读取图片的颜色信息）

（3）解压图片数据（图片数据恢复）

（4）设置调色板（设置嵌入式海图系统中的调色板与显示图片调色板一致）

（5）显示开机画面

以下是标准PCX格式图片的文件头：

```
typedef struct stPcxHead
{    //PCX 文件头数据结构，共 128 字节
      int8    Signature;                //PCX 文件标志，始终是 0AH
      int8    Version;                         // 版本号
      int8    Encoding;                 // 压缩标志，始终是 1，表示有限行程编码
      int8    BitsPerPixel;             // 每像素所占位数
      int16   XMin, YMin;               // 图像左上角坐标
      int16   XMax, YMax;               // 图像右下角坐标
      int16   HRes, VRes;               // 存储此 PCX 文件的图形模式分辨率
      int8    Palette[48];                  //16 色 DAC 调色板
      int8    Reserved1;                // 保留
      int8    ColorPlaneNum;            // 颜色平面数
      int16   BytesPerLine;             // 每行字节数
      int16   PaletteType;              //DAC 调色板类型
      int8    Reserved2[58];            // 全为零
}stPcxHead;
```

图 5-2 为嵌入式电子海图仪开机时的显示画面。

图 5-2　嵌入式电子海图仪开机时的显示画面

5.2.3　嵌入式电子海图数据的显示方法

电子海图数据的实时显示是系统的核心程序。该程序根据给出的中心点位置（通常为 GPS 给出的船位点坐标）及显示比例范围参数，确定需要显示的空间数据范围，并从海图文件中找出符合显示范围的数据，从海图文件中读出图层分层控制信息以实现电子海图的分层显示控制，最后按各类实体对应的符号要素代码绘制相应的图形符号在内存中快速完成海图的绘制。电子海图显示流程如图 5-3 所示。

嵌入式电子海图显示系统中使用了 16 M 字节的内存空间，电子海图数据一般在 10 MB 左右，剩下 4 MB 中用于显示缓存作图的为 480 KB，这是按 800×600 点显示屏幕计算的。剩下的空间用于程序计算及汉字库、文本等数据的存放。由于显示缓存只有一块，因此在每次显示范围发生变化时，都要从内存中将海图数据重新读算一遍，再重新进行画图。这在海图移动操作中会影响刷新的速度，使用大容量位图缓冲内存技术可提高海图在移动或漫游时的刷新速度。

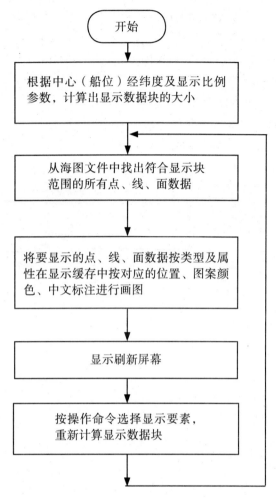

图 5-3 嵌入式电子海图显示流程图

　　大容量位图缓冲内存技术在每次显示海图的时候,先在缓存中找,找不到则扩大范围并保存到位图缓存。内存位图技术的作用在于两个方面:一是能得到平滑移图的效果,二是加快屏幕更新速度。首先,电子海图显示时如果直接把海图画在屏幕上,则会产生严重的抖动感。内存位图的方法则是在内存作图区中绘制海图,生成一个大的内存位图,屏幕始终显示内存位图的中心部分。当屏幕移动时,不是重绘屏幕,而只需将内存位图的内容拷贝到当前屏幕视口,就可以完成刷新。移图操作完成后在后台以当前要显示的区域更新位图。这样屏幕更新的速度很快,而后台内存位图的更新重画在移图后进行,用户基本感觉不到画图工作的存在。其次,在每次图形更新操作时,由于设置的内存作图区面积大于显示窗口的大小,即便是最极限幅度的对角移图操作,未更新内存位图与更新后内存位图仍然有大量显示区域重合,这样就可以通过内存间拷贝的方法更新重叠的区域,而只需重画更新前后不重叠的区域,能节省大量的时间。特别在有较多的小范围移图操作时,所得到的快速效果更为明显。

　　如图 5-4 所示，如果设置缓冲内存位图为屏幕的 9 倍大小，就可以保证移图操作时，即使最大幅度的对角移图操作，内存位图也能覆盖更新后屏幕区域。图 5-4 中 A 矩形区（左上框）为移图前屏幕中心区，B 矩形区（右下框）为移图后屏幕中心区，B 矩形区中未与 A 矩形区重叠的部分为需要重画区域。保持屏幕在内存位图中心。当对角最大幅度移图后，内存位图的需重画区域是整个区域大小的 5/9 。当小范围移图时，如移动 1/2 屏幕大小，则需要更新区域仅为位图大小的 1/6 。一般的漫游操作都只是小范围移图，因此需重画区域很小。这样就可以迅速减少画图时间。

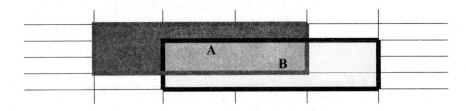

图 5-4　大容量位图缓存技术在对角线移动时的显示内容变化图

5.3　小结

　　嵌入式国产化 GPS 电子海图仪充分发挥利用了 GPS 信息技术在导航中的强大作用，使用嵌入式 32 位 MPU 并使用特殊的海图数据结构及配套显示处理程序，使显示处理速度与一般工控机相比已不相上下，由于采用了外置显示器，使显示效果及灵活度大大提高，其嵌入式高可靠性给产品带来商机。

结　论

1. 研究工作总结

本文以国产化嵌入式电子海图仪的实现为例，分析了嵌入式电子海图仪硬件平台的构建及系统软件开发涉及的一些关键技术，如嵌入式 FAT16 文件系统的应用技术、GPS 信息技术、电子海图技术等。具体归纳为以下几点：

（1）综合分析了嵌入式电子海图仪的功能需求，提出了国产化嵌入式电子海图仪系统的构架以及各个功能模块，分析了嵌入式电子海图仪的硬件设计选择的合理性和软件组成层次。

（2）分析在电子海图仪中利用 Nand Flash 芯片 K9F2808U0C 作为海图数据存储器时，如何构建一个嵌入式 FAT16 文件系统。介绍了 K9F2808U0C 存储器的 FAT16 文件管理器结构，并对文件分配表、文件目录区的操作原理进行了说明。在详细介绍 K9F2808U0C 存储器的结构后给出了数据擦除及读写操作的流程图以及按 FAT16 文件系统进行格式化操作的算法步骤。

（3）介绍了适应国产化嵌入式海图仪平台处理及国内航道应用的自定义非标准化数字矢量海图的格式，较详细地说明了点数据、线数据、面数据的数据组成结构与特点。

（4）分析介绍了在嵌入式电子海图仪中 GPS 及电子海图信息的显示原理。较详细地介绍了 GPS 接收板输出的数据信息格式与意义、WGS-84 坐标系与平面坐标的相互转换方法以及用白塞尔法进行光标测距的程序算法，最后对 PCX 格式图片及海图数据的显示方法进行了介绍。

通过本课题的研究，一方面了解了国产化电子海图仪的设计实现原理，另一方面，积累了 32 位嵌入式应用系统开发的知识经验，对国内进行相关同类产品的开发具有指导参考价值。

2. 进一步的研究工作

本课题研究内容在产品应用生产中检验了可行性和稳定性。但是设计中仍然存在可进行改进的地方，进一步的研究内容有：

（1）显示器的分辨率不能调整。当嵌入式电子海图系统硬件选定后，处理器输出的 VGA 分辨率就不能改变了，产品中应用的是 800×600 点分辨率，这样对大屏幕显示器的显示效果有一定的限制。

（2）在海图放大或缩小操作时，在感觉上还是觉得有点慢。当然这不影响实际的使用效果，但在程序设计中应该还是有可以提高显示速度的改进。

（3）遥控器操作可以考虑改成线控或直接面板键控制。遥控器在不用时乱放会导致遗失，放在操作台上也会因船只波动而掉下，产品更新升级时可以考虑双操作输入键盘系统。

（4）本系统的海图可作 90 度旋转，今后可以考虑改成连续旋转，这在驶航中用起来会给船长多一种视觉选择，但是系统的处理速度会降低一点。

参考文献

[1] B Hofrnann Wellenhof,H Lichtenegger,and J Collins.Global Positioning System:Theory and Practice. Austria:Springer, wien, 1997:2~5.

[2] Xu Dejun. The development history of electronic chart Display and information system . World Shipping. 1999 (3) : 10~11.

[3] 陈仅星 , 许肖梅 , 张家智 . 四色电子海图系统的研究 . 厦门大学学报 , 2000, 39(2): 185~190.

[4] Steve Heath.Embedded Systems Design (Second Edition).Oxford:Newnes, 2002: 1~2.

[5] 周永余 , 陈永冰 , 周岗等 . 舰船电子海图与信息系统发展评述 . 船舶工程 , 2005(4): 62~65.

[6] R. Alur, T. Dang, J. Esposito, et al. Hierarchical modeling and analysis of embedded systems. Proceedings of the IEEE, 2003, 91(01): 11~13.

[7] Mladen Berekovic, Hans-Joachim Stolberg, Peter Pirsch. Multicore System-On-Chip Architecture for MPEG-4 Streaming Video. Ieee Transactions on Circuits and Systems for Video Technology, 2002, 12(8): 688~699.

[8] 林晓东 , 刘心松 . 文件系统中日志技术的研究 . 计算机应用 , 1998, 18(1): 28~30.

[9] 刘金梅 , 张振东 , 路全等 . 嵌入式文件系统及 JFFS2 文件系统在 FLASH 上的实现 . 河北工业大学学报 , 2006, 35(1): 54~57 .

[10] 郑良辰 . 日志文件系统在嵌入式存储设备上的设计和实现 : [硕士学位论文]. 保存地点 : 万方数据股份有限公司 , 2001 年 .

[11] Mei-Ling Chiang, Ruei-Chuan Chang, et al. Managing flash memory in personal communication devices. In : Proceedings of IEEE International Symposium on Consumer Electronics. Singapore. 1997. USA: IEEE Press, 1997: 177~182.

[12] Han-Joon Kim, Sang-Goo Lee. A new flash memory management for flash storage system. In : Proceedings of the 23rd Annual International Conference on Computer Software and Applications. Phoenix, AZ USA. 1999. USA : IEEE Computer Software Press, 1999: 284~289.

[13] 董明，刘加，刘润生. 适宜于嵌入式多媒体应用的 Flash 文件系统. 电子技术应用，2002, 28(9): 24~27.

[14] 黄珊. 军用嵌入式系统中的 Flash 文件系统设计. 现代电子技术, 2003, 159(16): 45~47.

[15] 谭小安，候成刚，徐光华. 一种嵌入式 Flash 文件系统的设计和实现. 仪器仪表用户, 2004, 11(1): 40~41.

[16] Bursky D.Flash-memory choices boost performance and flexibility.Electronic Design, 1995, 43(11): 52~55.

[17] 金晶，浦汉来，朱莉. 基于 FLASH 存储器的嵌入式文件系统的设计与实现. 电子器件, 2003, 26 (2): 214~217.

[18] 陈智育. 嵌入式系统中的 Flash 文件系统. 单片机和嵌入式系统应用, 2002(2): 5~8.

[19] 李光飞，阳富民，楼然苗. 基于 K9F2808U0C 的 FAT16 文件系统. 浙江海洋学院学报, 2006, 25(2): 211~215.

[20] 张明亮，张宗杰. 浅析 FAT32 文件系统. 计算机与数字工程, 2005, 33(1): 56~59.

[21] Douglis F. , Ousterhout J. .Log-structured file systems. In: Proceedings of 34th IEEE Computer Society International Conference on Intellectual Leverage. 1989. USA: IEEE Press, 1989: 124~129.

[22] Margo Seltzer , Keith Bostic, etc. An Implementation of a Log- Structured File System for UNIX. In: Proceedings of Winter Usenix. 1993. CA: Winter Usenix Press, 1993: 1~18.

[23] Rosenblum, M. , Ousterhout J. . The design and implementation of log-structured file system. ACMTrans Computer Systems, 1992(10): 26~52.

[24] Kohl J. , Staelin C. , Stonebraker M. Highlight: Using a Log-structure File System for Tertiary Storage Management. In: Proceedings of 1993 Winter Usenix. 1993. CA : Winter Usenix Press, 1993: 29~43.

[25] Outerhout, J. , Douglis, F. . Beating the I/O Bottleneck : A Case for Log-Structured File System. ACM SIGOPS, 1989(1): 1~28.

[26] 李红燕，王力. 日志结构文件系统技术的研究. 计算机应用研究, 2003, 20(1): 73~76.

[27] 林晓东，刘心松. 文件系统中日志技术的研究. 计算机应用, 1998, 18(1): 28~30.

[28] 吴广华，张杏谷. 卫星导航. 北京：北京人民交通出版社, 1998:1~10.

[29] 李光飞. GPS 定位信息的单片机控制显示系统. 微计算机信息, 2004, 20(11): 92~93.

[30] 胡力，陈耀武，汪乐宇. 基于 GPS 和电子海图的嵌入式船舶导航系统设计. 电子技术应用, 2005, 31(6): 7~9.

[31] 李义兵. GPS 导航仪在狭窄航行中的定位精度分析. 航海技术, 2004(5): 27~29.

[32] 贾银山, 贾传荧, 魏海平等. 基于GPS和电子海图的船舶导航系统设计与实现. 计算机工程, 2003, 29(1): 194~195.

[33] 葛志明, 赵学俊, 李峰. 长江电子航道图显示与信息系统. 海洋测绘, 2005, 25(2): 64~66.

[34] 关劲, 张勇刚, 李宁等. 电子海图快速显示方法研究. 中国航海, 2004, 61(4): 57~59.

[35] 王瑞华, 许兆新, 蒋岳志. 电子海图实时平滑旋转实现方法研究. 船舶工程, 2004, 26(6): 71~74.

[36] 吴青. 电子海图系统中雷达图像与海图图形叠加技术研究. 江苏船舶, 2004, 21(5): 32~34.

[37] 白亭颖. 电子海图显示与信息系统的国际标准. 海洋测绘, 2002, 24(2): 67~70.

[38] IMO.Performance Standards fo ECDIS[S].IMO Resolution A.1995, 817(19).

[39] IMO.Interim Guidance On Training and Assessment in the Operational use of ECDIS Simulators[R], LONDON, 2001.

[40] 王世林, 刘淑玲. 电子海图的标准. 世界海运, 2004, 27(6): 16~17.

[41] 彭认灿, 郭立新, 陈子澎. 数字海图更新方法综述. 航海技术, 2005(2): 35~37.

[42] 夏一行, 胡力, 周泓等. 电子海图应用系统中坐标变换算法的研究. 工程设计学报, 2003, 10(5): 299~301.

[43] 李云. 基于单片机的大地解算: [学士毕业论文]. 保存地点: 浙江海洋学院, 2006.

附录1：嵌入式GPS电子海图仪产品外形图片

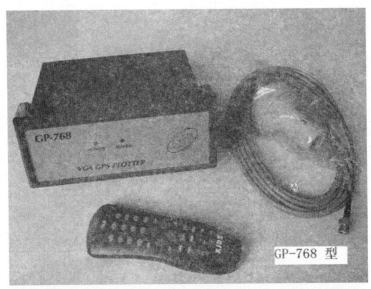

GP-768 型

SUNDA 768 II

附录2： 嵌入式电子海图显示

系统操作界面图

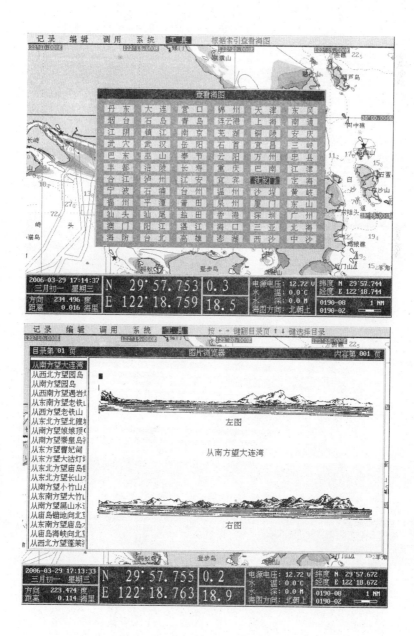

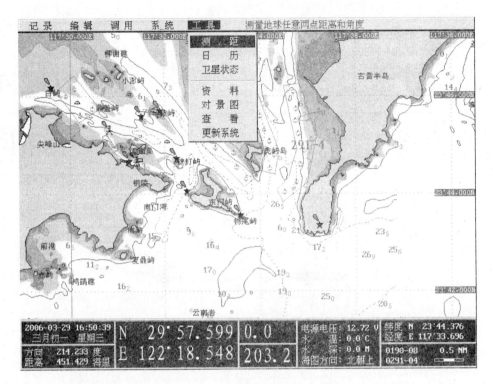

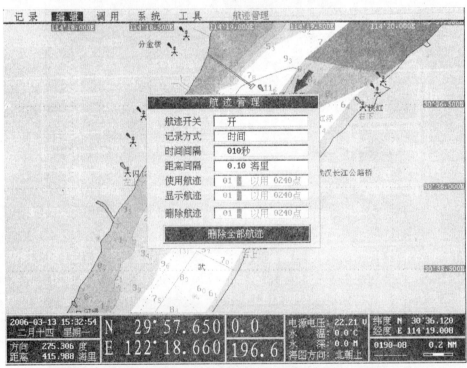

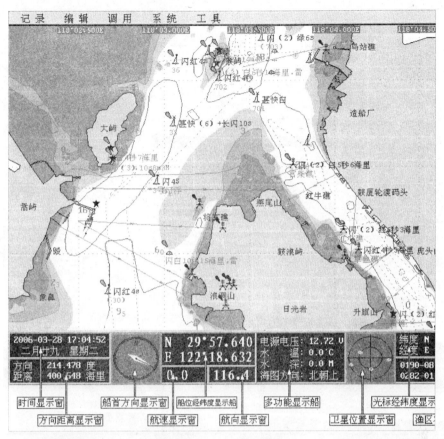

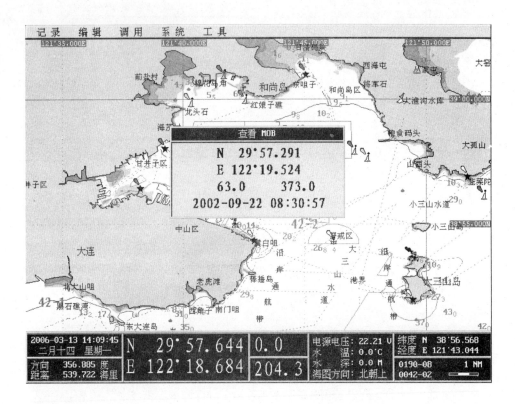

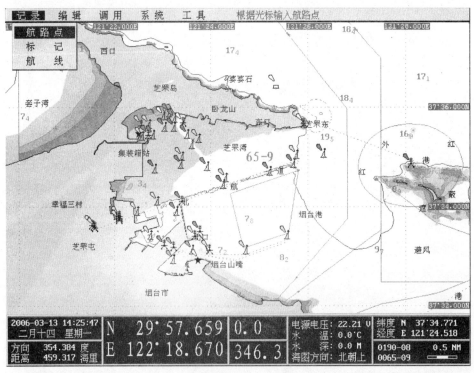

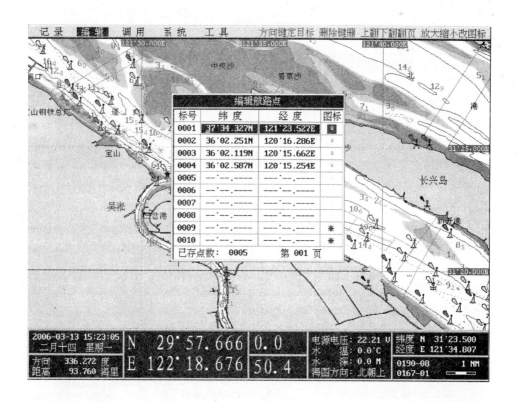

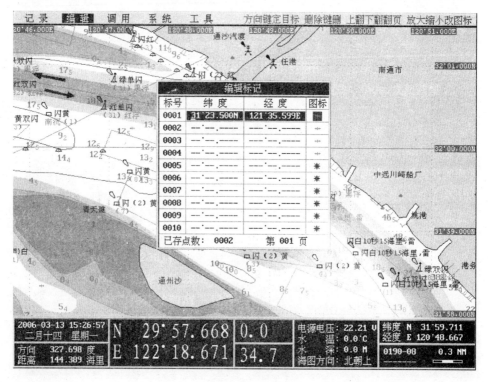

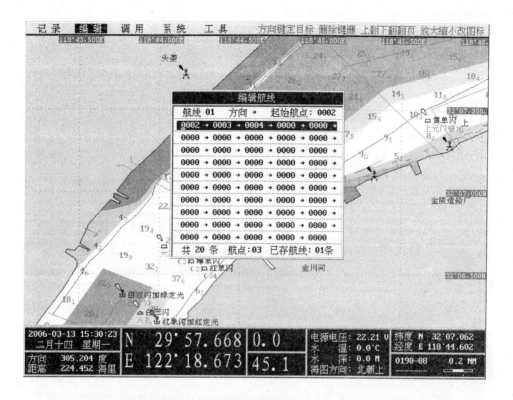

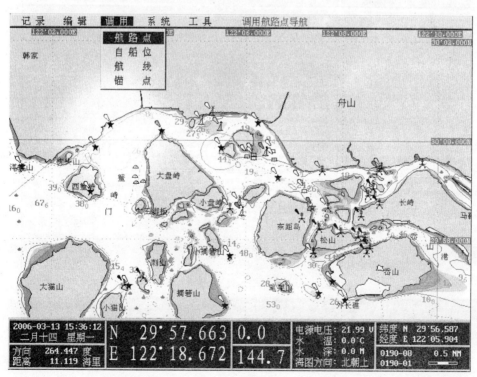

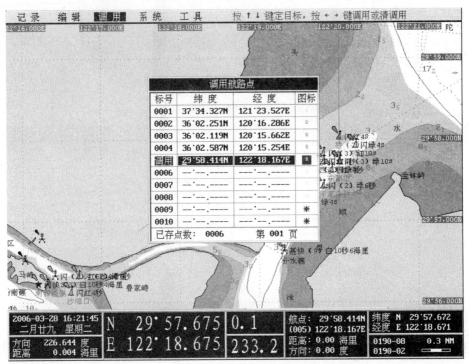

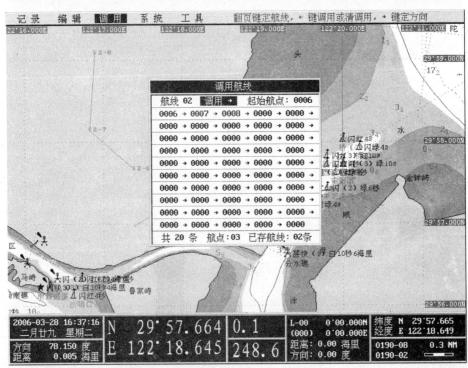

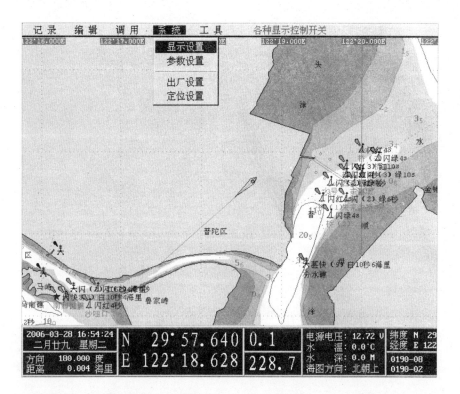

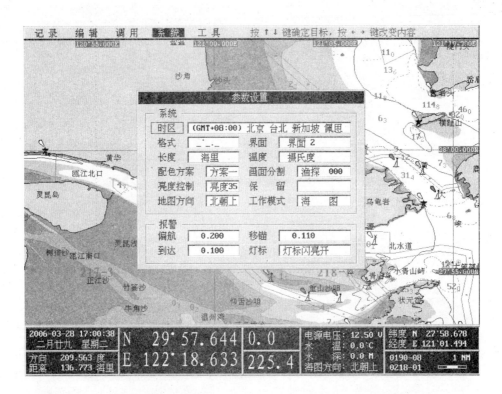

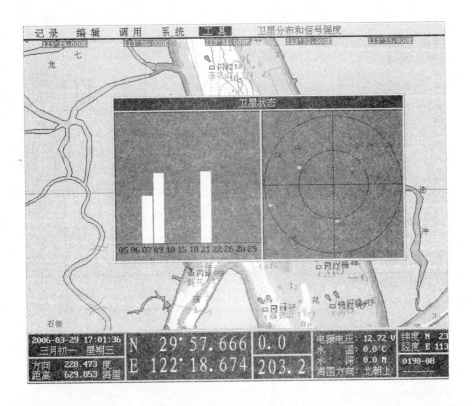

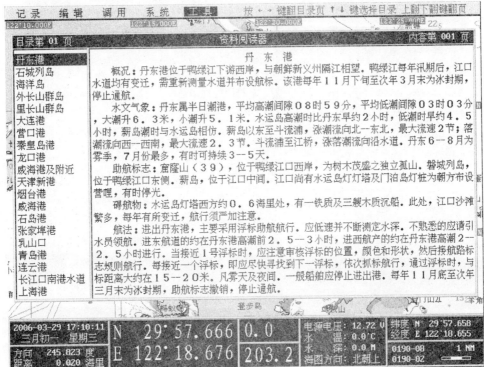

附录 3 :
GPS 信息接收 C 源程序清单

```
//**************************************************************//
//              电子海图仪中 GPS 接收单片机程序
//**************************************************************//
// 头文件
//#pragma src(E:\5410.asm)
#include "reg52.h"              //52 单片机定义文件
#include"intrins.h"
#include"math.h"
#include "stdio.h"              // 基本输入输出函数
#include "string.h"             // 字符串处理函数
#include "ctype.h"              // 字符处理函数
#define  uchar  unsigned  char
#define  uint   unsigned  int
#define   ADC_GSI_OUT              P2        // 低四位 AD 输出，高四位 GSI 输出
#define  KEYY  P1                            // 高 6 位做列键
ucharbdata FLAG;                             //
sbit  FLAG_S=FLAG^0;                         //$ 头标志
sbit  FLAG_GPRMC=FLAG^1;                     //GPRMC 语句接收标志
sbit  FLAG_GPGSA=FLAG^2;                     //GPGSA 语句接收标志
sbit  FLAG_GPGSV=FLAG^3;                     //GPGSV 接收标志
sbit  FLAG_GPRMC_END=FLAG^4;                 //GPRMC 语句接收完成标志
sbit  FLAG_GPGSA_END=FLAG^5;                 //GPGSA 语句接收完成标志
sbit  FLAG_GPGSV_END=FLAG^6;                 //GPGSV 接收完成标志
```

```
//
sbit      KEYX0=P3^2;                              // 行键
sbit      KEYX1=P3^3;
sbit      KEYX2=P3^4;
sbit      KEYX3=P3^5;
sbit LAMP=P1^2;
//
uchar keyvol,n=0;                                  // 键值存放，串口接收计数
uchar  code keyv[6]={4,8,16,32,64,128};
//
//uchar xdata GPS_BUF[80];                          //GPS 语句接收缓存器
uchar xdata GPRMC_BUF[80];                         //RMC 语句缓存器
uchar xdata GPGSA_BUF[80];                         //GSA 语句缓存器
uchar xdata GPGSV_BUF[80];                         //GSV 语句缓存器
uchar xdata   GPS_HARD[6];                         // 头接收存放
uchar idata FLASH_DATA[8]=0x00;                    //FLASH 存储缓冲
uchar data ADC_DATA_CON=0x00;                      //AD 转换数据，取高 8 位
//
//STC12C5410AD 特殊寄存器定义
sfr ADC_CONTR =0xC5;                               //ADC 控制器
sfr ADC_DATA =0xC6;                                // 转换高 8 位数据
sfr   ADC_LOW2 =0xBE;                              // 转换低 2 位数据
sfr   P1M0 =0x91;                                  //P1 口控制用
sfr   P1M1 =0x92;                                  // /
sfr   P3M0 =0x0B1;                                 //P3 口控制用
sfr   P3M1 =0x0B2;                                 // /
sfr ISP_DATA=0XE2;                                 //FLASH 写入或读出寄存器
sfr ISP_ADDRH=0XE3;                                // 地址高位，从 2800H-2FFFH, 共 2K
sfr ISP_ADDRL=0XE4;                                // 地址低位
sfr ISP_CMD=0XE5;                                  // 命令寄存器
sfr ISP_TRIG=0XE6;                                 // 启动寄存器
sfr ISP_CONTR=0XE7;                                //ISP 控制寄存器
sfr AUXR=0X8E;                                     // 定时器 1T/12T 控制
// 以下 PWM 定义
sfr CCON=0XD8;
sfr CMOD=0XD9;
sfr CL=0XE9;
```

```
sfr CH=0XF9;
sfr CCAP0L=0XEA;
sfr CCAP0H=0XFA;
sfr CCAPM0=0XDA;
sfr CCAPM1=0XDB;
sbit CR=0xDE;
//
// 以下程序区
/*********** 1/12毫秒延时函数 *************/
delay1ms(uint t)
{
int i,j;
for(i=0;i<t;i++)
    for(j=0;j<60;j++)
    ;

}
//
/********** 键功能函数 ***********/
keywork()
{uchar i;
 keyvol=0x00;KEYX0=0;KEYX1=0;KEYX2=0;KEYX3=0;if((KEYY|0X03)!=0xff)
 {delay1ms(24);if((KEYY|0X03)!=0xff)
 {
   KEYX0=0;KEYX1=1;KEYX2=1;KEYX3=1;if(!(KEYY|0X03)){for(i=0;i<6;i++)
   {if(~(KEYY|0X03)==keyv[i]){keyvol=i;goto endd;}}    }
   KEYX0=1;KEYX1=0;KEYX2=1;KEYX3=1;if(!(KEYY|0X03)){for(i=0;i<6;i++)
   {if(~(KEYY|0X03)==keyv[i]){keyvol=i+6;goto endd;}}    }
   KEYX0=1;KEYX1=1;KEYX2=0;KEYX3=1;if(!(KEYY|0X03)){for(i=0;i<6;i++)
   {if(~(KEYY|0X03)==keyv[i]){keyvol=i+12;goto endd;}}    }
   KEYX0=1;KEYX1=1;KEYX2=1;KEYX3=0;if(!(KEYY|0X03)){for(i=0;i<6;i++)
   {if(~(KEYY|0X03)==keyv[i]){keyvol=i+18;goto endd;}}    }
   }
endd:while(!(KEYY|0X03));
switch(keyvol)
{
 case 0:break;
 case 1:break;
```

```
    case 2:break;
    case 3:break;
    case 4:break;
    case 5:break;
    case 6:break;
    case 7:break;
    case 8:break;
    case 9:break;
    case 10:break;
    case 11:break;
    case 12:break;
    case 13:break;
    case 14:break;
    case 15:break;
    case 16:break;
    case 17:break;
    case 18:break;
    case 19:break;
    case 20:break;
    case 21:break;
    case 22:break;
    case 23:break;
    default:break;
  }
  }
}
//
/*************STC12C5410 开 ADC 电源 ****************/
ADC_POW_ON()
{ADC_CONTR=ADC_CONTR|0X80;
delay1ms(12);                        // 延时 1 毫秒以上
}
//
/*************STC12C5410 端口设置 ***************/
SET_P1_P3()      //P1.0P1.1 为开漏输出 ,P3.7 为推挽输出
{
P1M0=0X03;P1M1=0X03;P3M0=0X00;P3M1=0X80;
```

```
}
//
/*************STC12C5410ADC 转换 ***************/
ADC_CHANG()                                    //ADC 转换
{
delay1ms(3);                                   // 延时 200 微秒（通道转换后需稳定）
ADC_DATA=0X00;ADC_LOW2=0X00;ADC_CONTR=ADC_CONTR|0X08;// 启动 ADC
while((ADC_CONTR&0X10)==0);                     //ADC_CONTR.4=0 时等待
ADC_CONTR=ADC_CONTR&0XE7;                       // 清开始位及完成标志位
ADC_DATA_CON=ADC_DATA;
}
//
//
/****** STC12C5410 页擦除程序    *******/
erase_page()                                   // 擦第一页程序
{
ISP_ADDRH=0X28;ISP_ADDRL=0X00;ISP_CONTR=0X83;ISP_CMD=0X03;
ISP_TRIG=0X46;ISP_TRIG=0XB9;
}
//
/*******STC12C5410 写字节程序 ********/
wrihe_page()
{
uint i;
/*
FLASH_DATA[0]=;   FLASH_DATA[1]=;
FLASH_DATA[2]=;   FLASH_DATA[3]=;
FLASH_DATA[4]=;   FLASH_DATA[5]=;
FLASH_DATA[6]=;   FLASH_DATA[7]=;
*/
ISP_ADDRH=0X28;ISP_ADDRL=0X00;ISP_CONTR=0X83;ISP_CMD=0X02;
for(i=0;i<8;i++){ISP_ADDRL=i;ISP_DATA=FLASH_DATA[i];
ISP_TRIG=0X46;ISP_TRIG=0XB9;}
}
//
/******STC12C5410 读字节程序节 ******/
read_page()
```

```
    {
    uint i;
    ISP_ADDRH=0X28;ISP_ADDRL=0X00;ISP_CONTR=0X83;ISP_CMD=0X01;
    for(i=0;i<8;i++){ISP_ADDRL=i;ISP_TRIG=0X46;ISP_TRIG=0XB9;
    FLASH_DATA[i]=ISP_DATA;}
    }
    //
    /********* 调试时串口显示用 ************/
    GPGSV_out()
    {
    uchar m=0;
    //putchar('V');                      // 调试用
    TI=0;
    while(GPGSV_BUF[m]!='*')
    {SBUF=GPGSV_BUF[m];while(!TI);TI=0;m++;}
    }
    //
    GPGSA_out()
    {
    uchar m=0;
    //putchar('A');                      // 调试用
    TI=0;
    while(GPGSA_BUF[m]!='*')
    {SBUF=GPGSA_BUF[m];while(!TI);TI=0;m++;}
    }
    //
    GPRMC_out()
    {
    uchar m=0;
    //putchar('C');                      // 调试用
    TI=0;
    while(GPRMC_BUF[m]!='*')
    {SBUF=GPRMC_BUF[m];while(!TI);TI=0;m++;}
    }
    //
    //*************** 主程序区 *********************//
    void  main()
```

```
{
    SP=0x5f;                         // 堆栈在 60H
    FLAG=0X00;                       //
    SET_P1_P3();                     //P1.0P1.1 为开漏输出 (ADC 输入口)，P3.7 为推挽输出
    ADC_POW_ON();                    //STC12C5410 ADC 电源开
    // 以下串口设置，波特率为 4800
    AUXR  = 0xd0;                    //T1T0 设为 1T 模式，AD 允许，波特率是普通的 12 倍
    SCON  = 0x50;                    // 串口使用方式 1，允许接收
    TMOD  = 0x22;                    //T1 为 8 位自动重装模式
    TL1   = 0xB2;                    //1T 模式时：波特率为 4800 时初值 =256- 取整
                                     //      (12000000/4800/32+0.5)

    TH1   = 0xB2;                    //**12T 模式时：波特率初值 =256- 取整 (Fosc/ 波特率
                                     //  /32/12+0.5)**

    ET1   = 0;                       //
    TR1   = 1;                       // 开波特率发生器 (T1)
    TI    = 1;
    RI    =0;
    EA=1;
    ES=1;
    // 以下开 PWM
    CMOD=0X04;                       // 设置 PCA 定时器
    CL=0X00;                         //
    CH=0X00;                         //
    CCAP0L=0X80;                     //50% 占空比
    CCAP0H=0X80;                     //
    CCAPM0=0X42;                     //PWM0 输出 (P3.7)
    TH0=0Xff;
    TL0=0Xff;
    TR0=1;
    CR=1;                            //on
    // 以下存入 STC12C5410FLASH 存储程序
    /*
    erase_page();wrihe_page(); // 存入 FLASH
    read_page();                     // 从 FLASH 中读出参数
    */
    //
    //************* 以下主循环 *************//
```

```
while(1)                        // 主循环
{
ADC_CONTR=0XE0;                 // 选 P1.0ADC 转换
ADC_CHANG();                    //ADC 转换
ADC_DATA_CON>>=4; ADC_DATA_CON=ADC_DATA_CON&0x0f;
ADC_GSI_OUT=ADC_DATA_CON|(ADC_GSI_OUT&0xf0);    //ADC0 数据从低四位输出
//
ADC_CONTR=0XE1;                 // 选 P1.1ADC 转换
ADC_CHANG();                    //ADC 转换
ADC_DATA_CON>>=4; ADC_DATA_CON=ADC_DATA_CON&0x0f;
ADC_GSI_OUT=ADC_DATA_CON|(ADC_GSI_OUT&0xf0);    //ADC1 数据从低四位输出

if(FLAG_GPGSV_END){GPGSV_out(); FLAG_GPGSV_END=0;LAMP=~LAMP; }
// 有 GPS 更新数据时，串口调试看数据用
if(FLAG_GPGSA_END){GPGSA_out(); FLAG_GPGSA_END=0;LAMP=~LAMP; }
// 有 GPS 更新数据时，串口调试看数据用
if(FLAG_GPRMC_END){GPRMC_out(); FLAG_GPRMC_END=0;LAMP=~LAMP; }
// 有 GPS 更新数据时，串口调试看数据用
keywork();                      // 查键
//printf("%s","GPGSA");         // 调试
//gps_out();
}
}
//
/********** 串口中断接收 GPS 数据程序 ***************/
//
void  gps_rx(void) interrupt 4 using 1
{
if(RI){
EA=0;RI=0;
if(SBUF=='$'){FLAG_S=1;FLAG_GPRMC=0;FLAG_GPGSA=0;
FLAG_GPGSV=0;n=0;GPS_HARD[5]='\0'; goto out;}// 收到 "$" 时开始接收
//
if(FLAG_GPGSV){ if(FLAG_GPGSV_END){goto out;}
            if(SBUF=='*')       // 收到 "*" 时代表结束
            { GPGSV_BUF[n]=SBUF; FLAG_GPGSV_END=1;;goto  out;}
        else
```

```
                {GPGSV_BUF[n]=SBUF;n++;if(n>=79){FLAG_GPGSV=0;}goto   out;}
            }
 //
  if(FLAG_GPRMC){   if(FLAG_GPRMC_END){goto out;}
                if(SBUF=='*')        // 收到 "*" 时代表结束
             { GPRMC_BUF[n]=SBUF; FLAG_GPRMC_END=1;goto   out;}
            else
            {GPRMC_BUF[n]=SBUF;n++;if(n>=79){FLAG_GPRMC=0;}goto   out;}
        }
 //
  if(FLAG_GPGSA){   if(FLAG_GPGSA_END){goto out;}
                if(SBUF=='*')        // 收到 "*" 时代表结束
             {  GPGSA_BUF[n]=SBUF; FLAG_GPGSA_END=1;goto   out;}
                else
                {GPGSA_BUF[n]=SBUF;n++;if(n>=79){FLAG_GPGSA=0;}goto   out;}
        }
 //
  if(FLAG_S)
  {
  GPS_HARD[n]=SBUF;n++;if(n==5)
  { if(!strcmp(GPS_HARD,"GPRMC"))
     {FLAG_GPRMC=1;FLAG_GPGSA=0;FLAG_GPGSV=0;n=0;FLAG_S=0;
GPRMC_BUF[79]='*';goto   out;}
   if(!strcmp(GPS_HARD,"GPGSA"))
     {FLAG_GPRMC=0;FLAG_GPGSA=1;FLAG_GPGSV=0;n=0;FLAG_S=0;
GPGSA_BUF[79]='*';goto   out;}
   if(!strcmp(GPS_HARD,"GPGSV"))
     {FLAG_GPRMC=0;FLAG_GPGSA=0;FLAG_GPGSV=1;n=0;FLAG_S=0;
GPGSV_BUF[79]='*';goto   out;}
   FLAG_S=0;FLAG_GPRMC=0;FLAG_GPGSA=0;FLAG_GPGSV=0;n=0;
    }
 }
out: EA=1;}
 }
// ********************** 结束 ***************************//
```

实例三

小功率数控调频发射器的设计

摘　要

　　目前大多数高校内都有调频广播台，但电台所用的发射频率固定单一，有的采用模拟电路振荡的频率，稳定性不够好。单片机数控小功率调频发射器可实现精确稳定的发射频率控制，通过软件编程单片机来实现无线电台的各种辅助功能操作。它的发射频率可以自行设定，并且稳定性好。设计主要硬件采用的是 AT89C52 单片机和日本 ROHM 公司的调频发射控制集成电路 BH1415F，发射频率由单片机通过串行通讯端口传送给发射芯片 BH1415F，发射频率可由键盘直接输入并通过 LED 显示。它可在 88.0 ~109.9 MHz 范围内任意设置发射频率，可预置 11 个频道，发射频率调整最小值为 0.1 MHz，具有单声道 / 立体声控制，在加单管功率放大电路时的发送距离大于 30 米，可在教室内播放无线调频广播。

　　单片机数控小功率调频发射器，改变发射频率操作简单直观,并且采用专用电路发射,频率稳定,无频偏现象,比传统调频台的应用更灵活可靠,可广泛地运用于学校无线广播、电视现场导播、汽车航行、无线演说等小范围场所，具有较强的推广应用价值。

　　关键字：调频发射器；发射频率；锁相环；单片机

Abstract

Most of the college campus has FM radio transmitter, but the frequency of emission of the fixed single station, the frequency stability of the analog circuit oscillation is not good enough. SCM control low power FM transmitter can realize accurate and stable emission frequency control, to achieve the various auxiliary function operation radio through software programming MCU. The emission frequency can be set, and the stability is good. Design of main hardware is based on AT89C52 MCU and ROHM company of Japan FM transmitter control integrated circuit BH1415F, radio frequency chip BH1415F to launch by the microcontroller through the serial communication port, firing frequency may by the keyboard input directly and through the LED display. It can be in the 88 MHz to 109.9MHz range arbitrarily set the firing frequency, can be preset 11 channels, transmitting frequency adjustment of the minimum value is 0.1MHz, with mono / stereo control, In addition the transmission distance of the single power amplifier circuit is more than 30 meters, can play FM radio in the classroom.

SCM control of low power FM transmitter, simple and intuitive to change the transmit frequency operation, and uses special circuit emission, frequency stability, no frequency deviation phenomenon, than using conventional FM is more flexible and reliable. Can be widely used in the school radio broadcast, television director at the scene, car navigation, wireless speech and other small range of places, has to promote the use of strong value.

Key word : FM transmitter; launch frequency; PLL; SCM

前　言

　　当今电子信息技术发展日新月异，许多原来通过机械调节的一些高低频电信设备，现在可以通过电子自动调谐实现。如早期的收音机是通过一个可变电容经过机械调节系统改变电容极片间的相对面积而调节电容量的大小，从而改变振荡电路的谐振频率，使改变接收电台频率。同样电台的发射频率早期也是固定的，现在有一种软硬件技术相结合的电子综合应用技术，通常也称作为软件无线电的技术，它的基本思想在于使用基于同一个通用、标准、模块化的硬件平台，通过安装不同的软件程序可实现不同的使用功能，利用软件升级或版本更新实现通信设备的功能更新换代和新老设备之间的使用功能兼容。用单片机设计的小功率数控调频发射器就是一个很好的软件无线电应用例子。

　　单片机具有自动化程度高、可靠性好、小体积、低功耗、价格便宜、面向控制对象、抗干扰能力强等优点，所以，在工业控制系统、机电一体化、数据采集系统、智能化仪器仪表及家用电器等各方面都得到了广泛的应用。单片机数控小功率调频发射器可以将计算机声卡、游戏机、CD、DVD、MP3、电视机、调音台等立体声音频信号进行立体声调制发射传输，配合普通的调频立体声收音机就可实现高保真的无线调频立体声传送。适合用于生产立体声的无线音箱、无线耳机、CD、MP3、DVD、笔记本电脑等的无线音频适配器开发生产。

　　小功率数控调频发射器要求用单片机设计一个小功率调频发射器，调频发射器可在88.0~109.9 MHz 范围内任意设置发射频率，可预置 5 个以上频道，发射频率最小调整值为 0.1MHz，具有单声道／立体声发送模式，发送距离 30 米左右。

第 1 章

调频广播系统

1.1 调频广播的基本原理

语言和音乐等所产生的电信号与其他低频电信号一样，不能直接作远距离传播。通常做法是先将这些低频信号"加载"在高频振荡信号上，然后再向空间发射，一般将带有信息的低频信号，称为调制信号。载运调制信号的高频振荡波称为"载波"，产生高频振荡的电路叫作高频振荡器。将调制信号加载到高频振荡器中，使高频振荡器的电参数（如振幅、频率、相位）按调制信号的强弱而变化的过程称为"调制"。经过调制后的高频振荡波称为"调制信号"，或简称为调制波。通过传输线路将调制信号放大后送至天线，就可以向空间辐射电磁波了。

一般高频振荡的瞬时电压可用下式表示：

$$u=U\cos(\omega t+\Phi) \tag{1.1}$$

式中，U 为振幅，ω 为角频率，Φ 为初相角。

当 ω 和 Φ 一定时，若 U 随调制信号电压的变化规律而变化，则称这种调制方式为"调幅"(AM)。经调幅后的已调信号称为"调幅波"。

当 U 和 Φ 一定时，若 ω 随调制信号电压的变化规律而变化，则称这种调制方式为"调频"(FM)。经调频后的已调信号称为"调频波"。

可见调频就是使高频振荡的频率按照调制信号电压（或电流）的变化规律而变化，而高频振荡振幅保持不变。得到的已调波是一个频率随调制信号电压（或电流）变化的等辐波。因此，调频就是频率调制的简称。

载波信号、调制信号、调幅波、调频波的波形分别如图 1-1(a)、(b)、(c)、(d) 所示。

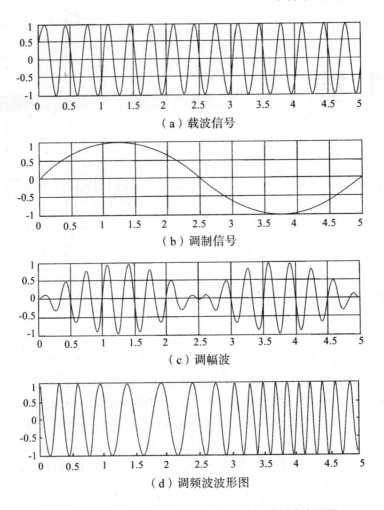

（a）载波信号

（b）调制信号

（c）调幅波

（d）调频波波形图

图 1-1 载波信号、调制信号、调幅波、调频波波形图

调频方式与调幅方式相比，有载波功率利用系数高、抗干扰能力强等优点，因此调频方式广泛地应用在通信、广播、遥控遥测等方面。

1.2 立体声调制原理

立体声信号的形成主要有以下过程：

（1）将 L（左声道）和 R 信号（右声道）进行叠加（即 L+R）我们称这种信号为 M 信号。将 L 信号与 R 信号相减即 L-R，我们称这种信号为 S 信号（如图 1-2 所示）。

图 1-2   M 信号与 S 信号

（2）将 S 信号调制于 38 kHz 的副载波（调幅制 AM），调制后再将 38 kHz 的已调波通过一个平衡器将 38 kHz 副载波抑制掉，仅留下 38 kHz 已调波的上下边带分量。将 S 信号进行这样的处理目的是使 S 信号变成 ±S（如图 1-3 所示）。

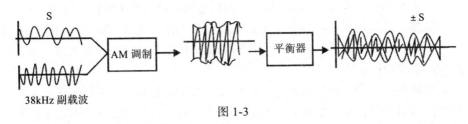

图 1-3

抑制副载波的目的是因为调幅波在能量的角度上看载频占有最大的能量，而边频幅度（上下边带）不超过载频幅度的 1/2，也就是说，边频能量最多只有载波的 50%，当调制度达到 100% 时边频的能量一共只占 1/3，如果调制度再少一些，比例还将更少。但是，信息是靠边带来传送的，所以以幅度恒定的副载波是无用的，将它抑制掉对提高信噪比和节约发射机的发射功率都有好处。然而，在接收端就必须要将抑制了的 38 kHz 载波信号进行恢复才能正确解调出 S 信号，而且恢复的 38 kHz 载波信号必须要和发射端的 38 kHz 在相位上保持一致。那么如何解决这个问题呢？可行的办法是在发射端发送一个导频控制信号，此信号用以在接收机中重新建立 38 kHz 的副载波。

（3）将 L+R 信号和上下边带信号与 19 kHz 导频信号同时加到环形调制器中进行混合叠加成为立体声复合信号。

（4）将立体声复合信号与主载波（88~108 MHz）以 FM 方式进行调制后发射出去。

1.3　调频广播系统构成

调频广播系统由发射与接收两部分组成。主要的组成电路有调制信号调理、调频激励放大、功率放大、天线发射、天线接收、调谐回路、解调电路、音频放大电路、扬声器，一般调频广播系统构成如图 1-4 所示。

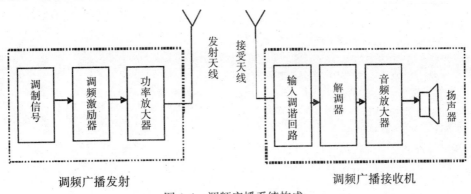

图 1-4　调频广播系统构成

在发射端，播控中心送来的声频节目，即调制信号送到调频激励器进行频率调制，使高频振荡器的频率按照调制信号的变化规律而变化。如果得到的已调信号的载频比发射频率低。那么，还需要把它倍频或变频到要求的发射频率上。然后再经功率放大器放大到实际需要的功率，最后由同轴电缆把已调信号输送到发射天线辐射出去。

在接收端，已调信号由接收天线接收下来后，经输入调谐回路选择出所需要接收的电台频率，然后由解调器从已调信号中检测出调制信号，并经音频放大器放大，最后推动扬声器还原成声音信号。

单片机数控小功率调频发射器与一般校园用调频发射器相比有以下优点：一般市场上的调频发射器产品，其发射频率大多是不可调节的，出厂的设定值即成了它的终身频率。如果在某地，两台频率相近或相同的调频发射器同时工作，就会产生互相干扰甚至不能正常工作。而单片机数控小功率调频发射器，其最大的优点就是发射频率可随时进行数字化的控制调节，并且单片机数控调频发射器设计制作方便、体积小、性能可靠性高，是小功率室内调频发送的理想选择，调频台可在 80.0~109.9 MHz 范围内任意设置发射频率，最小频率调节范围为 0.1 MHz。

第2章

系统设计方案

　　单片机数控小功率调频发射器系统主要的模块由单片机系统、显示电路、调频控制发射电路等组成。

2.1 单片机控制系统

　　AT89C52 单片机是一个高性能的 CMOS 8 位单片机，片内含 8k bytes 的可反复擦写的 Flash 只读程序存储器和 256 bytes 的随机存取数据存储器（RAM），器件采用 ATMEL 公司的高密度、非易失性存储技术生产，兼容标准 MCS-51 指令系统，内置通用 8 位中央处理器和 Flash 存储单元，AT89C52 单片机可在许多较复杂的工控系统中应用。

　　AT89C52 单片机有 40 个标准引脚，32 个外部双向输入 / 输出（I/O）端口，具有 2 个外中断口，3 个 16 位可编程定时计数器，1 个全双工串行通信口。AT89C52 单片机可以按照常规方法进行编程写入，也可以在线写入编程，可反复擦写 1000 次以上的 Flash 存储器可有效地降低开发成本。该芯片具有 PDIP、TQFP 和 PLCC 等多种封装形式，可适应不同产品应用的需要。表 2-1 为 AT89C52 主要功能特性。

表 2-1　AT89C52 主要功能特性

· 兼容 MCS-51 指令系统	· 8 k 可反复擦写 (>1000 次) Flash ROM
· 32 个双向 I/O 口	· 256 × 8 bit 内部 RAM
· 3 个 16 位可编程定时 / 计数器中断	· 时钟频率 0~24 MHz
· 2 个串行中断源	· 可编程 UART 串行通道
· 2 个外部中断源	· 共 6 个中断源
· 2 个定时器中断	· 3 级加密位
· 低功耗空闲和掉电模式	· 软件设置睡眠和唤醒功能

　　数控小功率调频发射器使用了 AT89C52 单片机作为控制中心。

2.2　显示器

一般嵌入式系统可供选择的显示器有以下两种：

（1）LED 显示器。LED 显示器是由 LED 发光二极管发展过来的一种显示器件。它是 LED 发光二极管的改型。一般分为 LED 数码管显示器和 LED 点阵显示器。LED 具有高亮度、宽视角、反应速度快、可靠性高、使用寿命长等特点。LED 数码管只能显示数字和少数几个英文字符，显示单调。而 LED 点阵屏能显示各种图形信息，但它的体积较大，在市场上能买到的最小的 8×8 点阵有 3 cm×3cm 大，较适合用于广告牌需要大面积显示的固定地方，不太适合用移动设备。在动态扫描时，在 8 段 LED 数码管显示器同时被点亮状态下，按每段 5 mA 电流来算每个数码管需要 40 mA 电流，如同时点亮多个数码管则需要更大。

（2）LCD 液晶显示器。LCD 液晶显示器是利用光的偏振现象来显示的。一般也分为数字型 LCD（同 LED 数码管显示器，只能显示数字和少数几个英文字符）和点阵型 LCD。前者用于只需显示简单字符的地方，如时钟等。后者能显示各种复杂的图形和自定义的字符，因此应用比较广泛。LCD 液晶器本身不发光，靠反射或者透射其他光源，因而功耗很小，可靠性高，寿命长（工业级 >100000 小时，民用级 >50000 小时），体积小，电路简单，非常适合于嵌入式系统、移动设备、掌上设备等应用。

由于单片机数控小功率调频发射器只要求显示数字和小数点，故选用了简单的 LED 七段数码显示管。

2.3　调频调制发射电路

日本 ROHM 公司新推出的 BH1414F~BH1417F 调频立体声发射集成电路，其高频振荡部分采用了频率合成电路，振荡频率十分稳定，并可以方便地改变发射频率。BH1415F 可由外接的 MCU 控制，BH1416F 及 BH1417F 可由并行数据设置端口改变发射频率。BH1416F 适用于日本频段，而 BH1415F、BH1417F 则适用于我国的 88~108 MHz 频段。

BH1415F、BH1417F 都是较简单而又实用的集成电路，它集锁相环电路、立体声编码电路、发送电路等于一体，外围加上少数元件就组成了一台高频多频点的高保真调频立体声发送器。它由提高信噪比（S/N）的预加重电路、防止信号过调的限幅电路、控制输入信号频率的低通滤波电路（LPF）、产生立体声复合信号的立体声调制电路、调频发射的锁相环电路（PLL）等组成，可明显地改善音质，其总谐波失真小于 0.3%，立体声分离度为 40 dB,RF 输出电平为 100 dBV，它能达到较高的分离度，传送的音质可与本地调频发射器媲美，适合用于一些对音频指标较高的系统中。

由于 BH1415F 调频发射集成电路的发送频率可用单片机串行接口进行控制，所以数控小功率调频发射器选择了 BH1415F 集成电路芯片作为调频发射电路芯片。

第 3 章

系统硬件设计

3.1 电源电路的设计

电源电路采用两种供电方式：（1）机内变压器供电；（2）机外外接电源供电，具体电路如图 3-1 所示。两种供电方式可以任选一种，在机内自动切换。机外外接供电采用傻瓜式接口，无须辨认直流电源的正负极，也可以接入 8~12V 的交流电压。

机内变压器输入为 220V 交流电压，输出 8V 交流电压。经过全桥式整流输出的脉动电压，经过 470μF 的滤波电容，得到大约 9V 平稳的直流电压。此电压再经过三端稳压器 7805 稳压输出稳定的 +5V 电压。稳压集成电路的作用是将电压进行降压处理并稳定为某一固定的值后输出，如三端稳压块 LM7805 可将 9~18V 的直流电压稳定成 5V 的输出电压，采用三端稳压集成块电路简单而成本低，所以应用很广泛。

外接供电口输入的电源也经过机内另一组全桥式整流，再经过滤波、稳压，然后输出。由于输入口的整流桥，直流输入电源的正负极性可任意接，也可接入 8~12V 的交流电源。

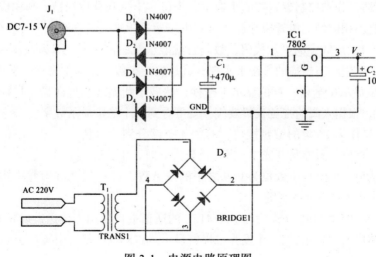

图 3-1　电源电路原理图

3.2 单片机控制电路设计

单片机控制电路采用最小化应用系统设计。单片机系统电路接口如图 3-2 所示。

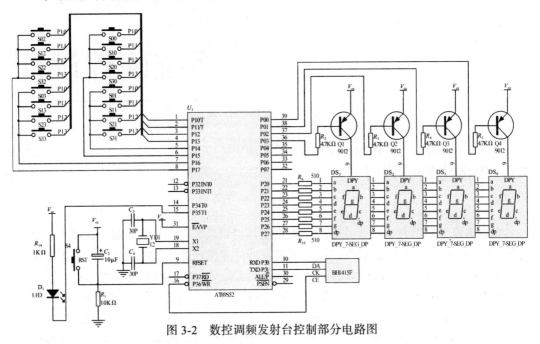

图 3-2 数控调频发射台控制部分电路图

3.2.1 单片机引脚接口

（1）P0 口和 P2 口作为共阳极 LED 数码管驱动。P2 口为段码输出口，P0.0、P0.1、P0.2 和 P0.3 端口分别控制数码管的小数位、个位、十位和百位扫描，当相应的端口变成低电平时，驱动相应的三极管会导通，+5V 电压通过驱动三极管给数码管相应的位供电，这时只要 P2 口送出数字的显示代码，数码管就能正常显示数字。因为要显示四个数码管数字，所以必须用动态扫描的方法来实现，就是先让小数位显示 1 毫秒，再让个位显示 1 毫秒，再十位显示 1 毫秒、百位显示 1 毫秒，然后不断循环，这样只要扫描一遍的时间小于 20 毫秒，根据人眼的视觉残留效应，就可看到四个稳定显示数字。

（2）P1 口作为 16 键的键盘接口，其中 4 个键分别为百位、十位、个位、小数位的频率操作键。百位数只能是 0 或 1。当百位数为 0 时，十位数为 8 或 9；当百位数为 1 时，十位数只能为 0。个位及小数位为 0~9 之中的任意数。11 个键为发射频率预置键，最后一个键为单声道 / 立体声控制键。

（3）P3.0、P3.1 和 P3.6 作为与 BH1415F 的通信端口，用于传送发射频率控制数据，P3.5 用于立体声发射指示，用一个发光二极管显示。AT89C52 复用引脚功能如表 3-1 所示。

表 3-1　P1.0 和 P1.1 的第二功能和 P3 口的复用功能

引脚号	第二功能特性
P1.0	T2 （定时 / 计数器 2 外部计数脉冲输入），时钟输出
P1.1	T2EX （定时 / 计数器 2 捕获 / 重装载触发和方向控制）
P3.0	RXD （串行输入口）
P3.1	TXD （串行输出口）
P3.2	$\overline{INT0}$ （外部中断 0）
P3.3	$\overline{INT1}$ （外部中断 1）
P3.4	T0 （定时 / 计数器 0）
P3.5	T1 （定时 / 计数器 1）
P3.6	$\overline{WD}$ （外部数据存储器写选通）
P3.7	$\overline{RD}$ （外部数据存储器读选通）

（4）时钟电路。时钟电路采用片内时钟电路。第 18 脚和第 19 脚分别构成片内振荡器的反相放大器的输入和输出端，外接石英晶体以及补偿电容 C_3、C_4 构成并联谐振电路。当外接石英晶体时，电容 C_3、C_4 选 30 PF ± 10 PF。AT89C52 系统中晶振可在 0~24 MHz 范围内选择。本电路采用 12 MHz 晶振，外接电容 C_3、C_4 的大小会影响振荡器频率的高低、振荡频率的稳定度、起振时间及温度稳定性。在设计电路板时，晶振和电容应靠近单片机芯片，以便减少寄生电容，保证振荡器稳定可靠工作。第 18 脚和第 19 脚外接石英晶体谐振器，构成自激振荡器。外接电容 C_3、C_4 取值为 30 PF。

（5）复位电路。单片机上电时，当振荡器正在运行时，只要持续给 RST 引脚两个机器周期以上的高电平时间，便可完成系统复位。外部复位电路是为内部复位电路提供两个机器周期时间以上的高电平而设计的。系统采用上电自动复位，上电瞬间电容器上的电压不能突变，RST 引脚上的电压是电源电压 V_{cc} 与电容器上电压之差，因而 RST 引脚上的电压大小与 V_{cc} 基本相同。随着充电的进行，电容器上电压不断上升，RST 引脚的电压就随着下降，RST 引脚上只要保持 10 ms 以上高电平系统就能有效复位。一般电容 C_2 可取 10~33 uF，电阻 R_1 可取 1.2~10 kΩ。系统设计中 C_2 取 10 uF，电阻 R_1 取 10 kΩ，充电时间常数为 $10 \times 10 = 100$ ms。

3.2.2　键盘电路

按键电路采用最简单的行列式键盘，由单片机 I/O 口进行扫描。图 3-3 是典型的 4×4 行列式键盘结构图。一般来说，键盘按键时多采用行列式或者是带钳位的行列式。因为在按键数量多时行列式键盘在占用相同数量 I/O 口时能设置的按键较点式键多，而在按键少时还不如点式键盘来得简单方便。因使用了 16 个按键，所以设计中采用行列式键盘结构。在行列式键盘电路中，键盘中每个按键有它的行值和列值，行值和列值的组合成为识别这个按键的编码。键盘处理程序的任务是：确定有无键（被）按下并判断是哪一个（被）键按下，得到相应的键号。读键程序中要消除按键在闭合或断开时的抖动。在两个行列口线中，一个输出扫描码，使按键逐行动态接地，另一口线读入按键状态，由行扫描时接地的行线及读回时低电平的列线就可以确定是哪一个开关按住了。通过软件查表 P1 口的扫描字及读回值，就可查出该键的键号并执行相应的功能了。

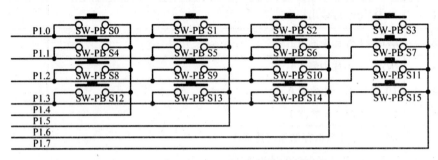

图 3-3   典型的 4×4 行列式键盘结构图

3.2.3 LED 数码显示管

LED 数码显示管是为了显示数字而设计的一种显示器。七段 LED 数码管显示器的外观字形如图 3-4 所示，发光二极管做成条状结构，内部按连接的不同分为共阳与共阴两类。

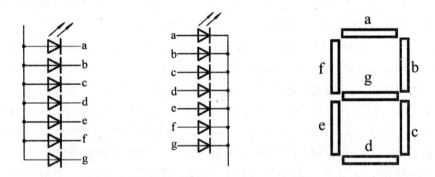

图 3-4   七段 LED 数码管外观字形图

共阳七段 LED 数码管在显示 0~9 的数字时，是靠控制阴极端的电位来控制不同段的 LED 发光。比如显示"0"时，只要将 abcdef 端口接负极；要显示"1"时，只要将 bc 端口接负极。表 3-2 为共阳显示"0~9"数字时 LED 阴极端口的电平情况，0 表示接低电平，1 表示为开路状态或高电平状态。

表 3-2   共阳数码管显示段码表

阴极电平 显示数字	g	f	e	d	c	b	a
0	1	0	0	0	0	0	0
1	1	1	1	1	.0	0	1
2	0	1	0	0	1	0	0
3	0	1	1	0	0	0	0
4	0	0	1	1	0	0	1
5	0	0	1	0	0	1	0
6	0	0	0	0	0	1	0
7	1	1	1	1	0	0	0
8	0	0	0	0	0	0	0
9	0	0	1	0	0	0	0

　　设计选择的共阳七段 LED 红色数码管带小数点显示，其中小数点 LED 器件为圆形，用于显示小数点。用一个单片机的八位端口刚好可控制 LED 数码管的八个阴极，图 3-5 为单片机与一个带小数点显示的 LED 共阳显示器接口图。其中 P0 口的四个端口通过四个 PNP 三极管驱动电源为四个 LED 数码管轮流提供电源，P2 口的八个端口为对应的数码管显示数据提供段码，串联电阻用于限定发光管的点亮电流。显示器工作时，通过单片机程序依次为四个数码管器件供应电源并将对应数字的段码输出至 P2 端口，每个数码管一般点亮时间为 1 毫秒。

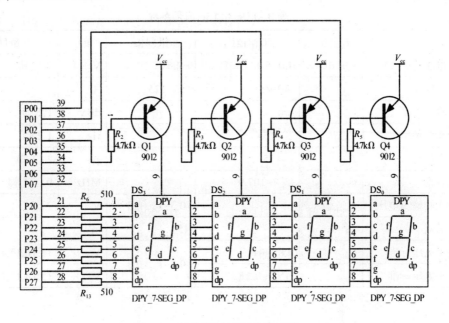

图 3-5   单片机显示驱动接口图。

3.3　调频调制发射电路的设计

音频调频调制发射部分采用 Rohm 公司生产的调频发射专用集成电路 BH1415F。BH1415F 是一种无线音频调频发射集成电路，它可以将电视机、录像机、计算机声卡、CD、DVD、MP3、调音台等立体声音频信号进行立体声调制的无线发射传输，配合普通的调频立体声收音机就可实现无线调频立体声接收。内部主要构成部件有：提高信噪比（S/N）的预加重电路、防止信号过调的限幅电路、控制输入信号频率的低通滤波电路（LPF）、产生立体声复合信号的立体声调制电路、调频发射的锁相环电路（PLL）等等。

3.3.1　BH1415F 的主要特点

BH1415F 射频调制集成电路主要特点：

（1）集预加重电路、限幅电路、低通滤波电路（LPF）于一体，使音频信号的质量比分立元件的电路有较大改进。

（2）导频方式的立体声调制电路。

（3）采用了锁相环锁频并与调频发射电路一体化，发射频率非常稳定。

（4）采用了单片机数据直接频率设定，可设定 87.7~107.9 MHz 频率，使用方便。

3.3.2　BH1415F 使用参数

表 3-3 为 BH1415F 主要使用电参数。

表 3–3 BH1415F 应用参数

参数	符号	工作范围	极限值	单位	条件
电源电压	V_{cc}	4.0~6.0	+7.0	V	8,12 脚
工作温度	T_{opr}	-40~85	-55~125	℃	
音频输入电平	V_{in-A}	-10		dBV	1,2 脚
音频输入频率	F_{in-A}	20~15K		Hz	1,2 脚
预加重延时	T_{pre}	0~155		μs	2,21 脚
调制频率	F_{TX}	87.7~107.9		MHz	9, 11 脚
相位比较输出电压	V_{out-p}		$-0.3~V_{cc}+0.3$	V	7 脚
功率消耗	P_d		450	mW	
高电平电压标准	V_{IH}	$0.8V_{cc}~V_{cc}$	$-0.3~V_{cc}+0.3$	V	15,16,17,18 脚
低电平电压标准	V_{IL}	GND~$0.2V_{cc}$		V	15,16,17,18 脚

3.3.3 BH1415F 引脚功能

BH1415F 各引脚的功能描述如表 3-4 所示。

表 3-4 BH1415F 引脚功能

引脚编号	引脚功能	电压（V）
1	右声道输入端：通过电容器与右声道音频信号相连	
22	左音源输入端：通过电容器与左声道音频信号相连	$1/2\,V_{cc}$
2,21	时间常数端：它连接一个电容为时间常数 $\tau = 22.7\,\mathrm{k}\Omega\mathrm{F}$	
3,20	LPF 时间常数端：这是 15 kHz LPF。它连接 150P 电容	$1/2\,V_{cc}$
4	滤波器端：它是声频部分滤波器参考电压	$1/2\,V_{cc}$
5	立体声复合信号输出端：它连接到调频调制器	$1/2\,V_{cc}$
6	接地端	GND
7	PLL 相位检波器输出端：它连接到 PLL 、LPF 电路	—
8	电源供应端	V_{cc}
9	射频振荡器端：这是振荡器基端，它连接振荡时间常数	$4/7\,V_{cc}$
10	射频地端	GND
11	射频发送输出端	V_{cc}-1.9
12	PLL 电源供给端	V_{cc}
13,14	XTAL 振荡器端：它连接一个 7.6 MHz 晶振	—
15	芯片授权端：连续输入高电平数据	
16	时钟输入端：带数据和同步的时钟在序列数据输入。	
17	数据输入端	
18	静音端：Pin18 $\geqslant 0.8V_{cc}$ 时 : Mute ON Pin18 $\leqslant 0.2\,V_{cc}$ 时 : Mute OFF	
19	控制信号调节端	$1/2V_{cc}$

3.3.4 BH1415F 应用电路

BH1415F 内有前置补偿电路、限制器电路和低通滤波电路等，因此，系统具有良好的音色，内置 PLL 系统调频发射电路，传输频率非常稳定，调频发射频率可用单片机通过串行口直接控制，BH1415F 应用电路如图 3-6 所示。从 11 脚输出的调频调制信号，由天线发射输出。

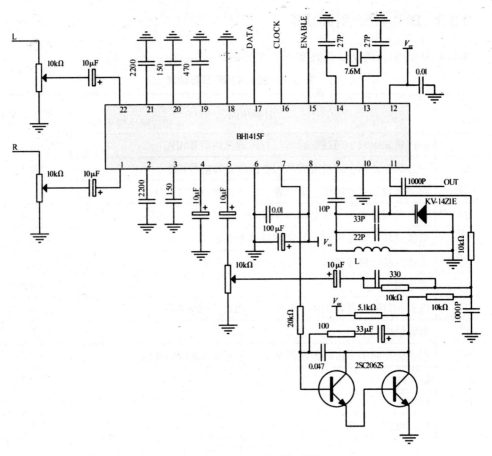

图 3-6   BH1415F 应用电路图

第 4 章

系统软件设计

4.1 内存单元规划

为了处理调频发射器控制操作中的一些数据运算，在单片机内存中使用了几个专用的地址来存放数据，主要有以下 9 个：其中 26H~29H 用来存放显示小数位、个位、十位、百位的 BCD 码数据；24H~25H 用来存放频率控制数据（十六进制）；21H 用来存放频率控制字节低 8 位数据；22H 用来存放频率控制字节高 8 位数据；23H 用来存放键扫描时 P1 端口的值。

4.2 主要功能程序

单片机控制程序主要有初始化子程序、主循环程序、LED 动态扫描程序、显示数据与频率控制数据计算程序、控制命令合成发送程序、按键查询程序等等。

（1）主程序

主程序先对系统初始化，开机时先显示一下"8888"，以检查 LED 的段码是否完好，然后将上次使用的发射频率数据从单片机存储器中取出，送入 BH1415F 控制音频调制频率，最后进入查键和显示程序主循环。主程序流程图如图 4-1 所示。

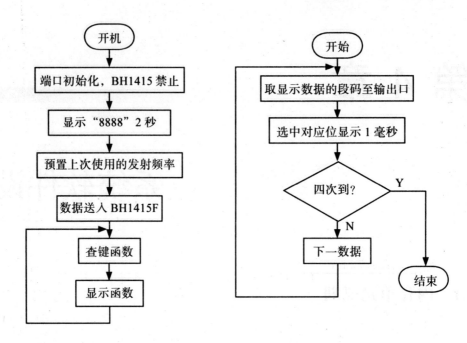

图 4-1　系统主程序流程图　　　图 4-2　动态扫描程序流程图

（2）LED 动态扫描子程序

　　显示程序采用动态扫描法显示 4 位十进制频率数字值，使用单片机的两个端口，一个端口输出段码，一个端口进行列扫描，以实现 LED 的动态显示。扫描程序执行一次约为 4 ms，在第二位 LED 显示时需点亮小数点。动态扫描显示程序流程图如图 4-2 所示。

（3）频率数据转十进制 BCD 码子程序

　　频率数据转十进制 BCD 码子程序用于将四位十进制数换算成四个十进制 BCD 码分别用于 LED 显示，当最高位为 0 时放入"熄灭"代码 0x0a，这样当频率在 100.0 MHz 以下时最高位不会显示"0"。

（4）频率控制命令合成子程序

　　图 4-3 为 BH1415F 的频率控制字传送格式。BH1415F 的频率控制字为两个字节，两个字节中低 11 位（$D_0 \sim D_{10}$）为频率控制数据，其值乘 0.1 即为 BH1415F 的输出频率（单位 MHz）。高 5 位（$D_{11} \sim D_{15}$）为控制位，其中 D_{11}（MONO）位为单声道 / 立体声控制位，0 时为单声道发射模式，1 时为立体声发射模式；D_{12}（PD_0）、D_{13}（PD_1）位用于相位控制，通常为 0，当分别为 01 和 10 时可使发射频率在最低和最高处；D_{14}（T_0）和 D_{15}（T_1）为测试模式控制用，通常为 00，当为 10 时为测试模式。合成时将控制命令（5 位）与频率控制数据的最高三位合成一个字节。

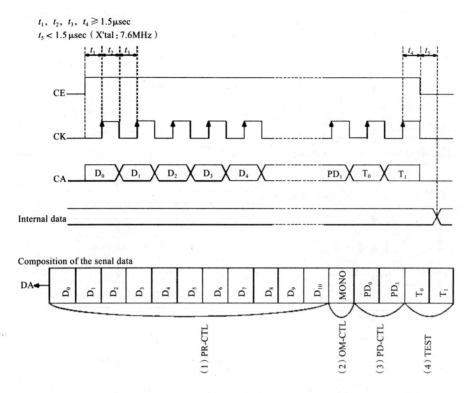

t_1，t_2，t_3，$t_4 \geqslant 1.5\mu\text{sec}$
$t_5 < 1.5\mu\text{sec}$（X'tal：7.6MHz）

图 4-3　BH1415F 的频率控制字传送格式

（5）BH1415F 字节写入子程序

按照 BH1415F 字节传送要求，按低位先送、低字节先送的原则，用同步移位方法进行数据的发送。传送数据时的移位脉冲延时应正确，图 4-4 为频率控制命令发送程序流程图。

（6）查键子程序

按键查询系统采用 4×4 行列式键盘。查键方法是将键盘口的低四位置 0，读入键盘口高四位，看是否为全 1，若全为 1，说明无按键按下，否则说明有键按下，应进行键码的查询，查询方法是依次对键盘口的低四位和高四位置 0，再将二次读入的高四位和低四位合成一个字节，这个字节与每个按键有着唯一的对应关系，通过查表确定键号再执行每一个按键的功能。查键子程序的程序流程图如图 4-5 所示。

16 个按键的功能分配为：00 号键为程序百位数加 1；01 号键为程序十位数加 1；02号键为程序个位数加 1；03 号键为程序小数位加 1；04 号键、05 号键、06 号键、07 号键、08 号键、09 号键、10 号键、11 号键、12 号键、13 号键、14 号键均为频率预置键，分别预置 109.0 MHz、108.0 MHz、105.0 MHz、100.0 MHz、98.0 MHz、96.0 MHz、94.0 MHz、92.0 MHz、90.0 MHz、88.0 MHz、87.8 MHz 的发射频率；15 号键为立体声 / 单声道设置键。

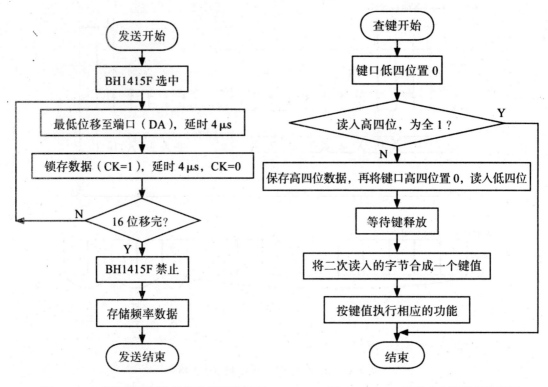

图 4-4　16 位频率控制数据发送程序流程图　　　图 4-5．4×4 行列式查键程序流程图

（7）初始化子程序

　　系统初始化工作主要包括 RAM 初始化、特殊功能寄存器初始化、外围设备初始化、设置发射频率初始值等等。RAM 初始化主要是将 RAM 进行清零处理；特殊功能寄存器的初始化包括定时器的初始值设置、中断的开放等；外围设备初始化主要是对外围设备的引脚口的设置，例如本系统就必须在上电时将 LED 显示器驱动口置高电平，与 BH1415F 的三条通讯口置低电平；开机后的发射频率为上次关机时的发射频率值。特殊功能寄存器初始化和外围设备初始化在进入功能程序循环前需完成初始化。单片机初始化程序流程图如图 4-6 所示。

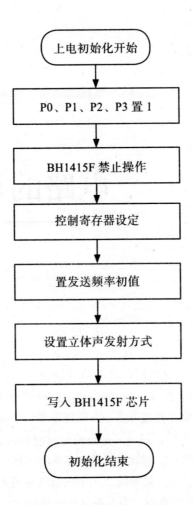

图 4-6 初始化程序流程图

第 5 章

电路的调试及测试

5.1 调试方法

硬件调试时可先检查印制板及焊接的质量情况，对有怀疑的地方可用万用表检测有无短路或断路的情况，在检查无误后可通电检查调试。实验室调试时可结合示波器测试单片机外围的晶振及 P0、P1、P2 端口的波形情况进行综合硬件测试分析。

程序调试用 Wave 汇编编译器或 keil c51 编译器平台，源程序编译及仿真调试应分段或以子程序为单位一个一个进行，最后可结合硬件实时运行调试。

在调通程序及硬件的情况下，调频发射器应基本能工作了。将音频信号接入输入端口，在 BH1415F 的 11 脚输出端接上发射天线，在室内近旁应能收到调频广播了。接着可调试输出频率的最低端与最高端数值范围。当发现频率的最高端上不去（达不到 109.9 MHz）时，应将振荡电感减小（减少匝数或使紧密度减小），而在低端的频率达不到时（87.7 MHz）应增加振荡电感的匝数。如果电感调整后还是没有达到规定的频率覆盖范围时可调整振荡回路的 33 pF 及 22 pF 电容，或考虑更换变容二极管（换变容范围更大的）。振荡电感调整后应用高频蜡封好，防止发射器工作时因振动而产生频率范围漂移。

5.2 性能测试

（1）测试地点：普通教室或实验室可视范围。

（2）测试音源：MP3 或其他播放器中的音乐。

（3）测试过程：程序烧写完成后，将单片机安装到硬件电路板上，用 7805 三端稳压块分别对单片机和 BH1415F 电路单独供电。在调频发射器 BH1415F 的 11 脚输出口上连接发射天线，接通电源后，立体声指示灯点亮，LED 显示屏幕显示出发射的频率值。然后准备好发射放音用的 MP3 和接收装置收音机。按下预置键，可设置一个发射频率，此时的频率要求不能与当地电台的频率相近或相同。最后将收音机的接收频率也调整到此发射机显示频率上，看看能否接收到清晰的音乐广播声。

（4）测试效果：在普通室内各个位置都能收到清晰的调频广播信号，在室外收听测试时，30 米以内均能清晰接收调频器播放的电台音乐信号。

结　论

　　用 BH1415F 设计的小功率调频发射器不仅设计简单方便，而且体积小，可靠性高，频率设定灵活，可有效地避开当地或邻近的调频台干扰，并且非常适合与电视机、MP3 放音机、CD、电脑等媒体播放机集成，可广泛应用于学校教室内小范围的音频无线调频转播。因为工作频率变化范围较宽，其功率放大级的选频回路带通应较宽，与市场上的单点调频台发射器相比，发射效率不是很高。

参考文献

[1] 楼然苗，李光飞 .51 系列单片机设计实例 [M]. 北京：北京航空航天大学出版社 ,2003.03.171-185.

[2] 李光飞，楼然苗 . 单片机课程设计实例指导 [M]. 北京：北京航空航天大学出版社 ,2004.09.146-158.

[3] 余永权 .ATMEL89 系列单片机应用技术 [M]. 北京：北京航空航天大学出版社 ,2001.10.

[4] 余永权 .89 系列 FLASH 单片机原理及应用 [M]. 北京：电子工业出版社 ,2000.09.

[5] 孙燕，刘爱民 .Protel99 设计与实例 [M]. 北京：机械工业出版社 ,2000.11.

[6] 杨俊 . 数控高保真 PLL 调频发射电路 . http://www.ele169.com/Article/ShowArticle.asp?ArticleID=291.2006.3.13.

[7] 王保华，周志畅 . 调频无线电技术 [M]. 上海：上海科学技术出版社 ,1985.1-14.

[8] ROHM CO.LTD 2000.—BH1415F.pdf

[9] Atmel Corporation 2005. —AT89S52.pdf

[10] 范博 . 射频电路原理与实用电路设计 [M]. 北京：机械工业出版社 ,2006.09.25-75.

[11] 虞星 译 . 调频广播用发射机与接收机 [M]. 北京：国防工业出版社 ,1978.10.74-84.

[12] Reinhold Ludwig、Pavel Bretchko. 射频电路设计——理论与应用 [M]. 北京：电子工业出版社 ,2002.09.134-139.

[13] 蔡美琴等 .MCS-51 系列单片机系统及其应用 [M]. 北京：高等教育出版社 ,2004.06.

[14] 佚名 .LM7805 构成的 +5V 稳压电源 .http//www.ic37.com/htm_tech/2008-1/45874_htm.

[15] 郑君里，杨为理等 . 信号与系统 [M]. 北京：高等教育出版社 ,2000.05.285-289.

附录1：单片机汇编程序清单

```
        ;************************* ;
        ;      数控调频台控制器        ;
        ;************************* ;
;
;26H~29H 放显示小数位、个位、十位、百位 BCD 码数，24H~25H 放频率控制数据（十六进制）
;
        CONBITL    EQU    21H    ;频率控制字节低 8 位
        CONBITH    EQU    22H    ;频率控制字节高 8 位
        KEYWORD    EQU    23H    ;存放键扫描时 P1 口值
;
;

        ORG              0000H        ;程序开始地址
        LJMP             START        ;转 START 执行
        ORG              0003H        ;
        RETI                          ;不用中断程序
        ORG              000BH        ;
        RETI                          ;不用中断程序
        ORG              0013H        ;
        RETI                          ;不用中断程序
        ORG              001BH        ;
        RETI                          ;不用中断程序
        ORG              0023H        ;
        RETI                          ;不用中断程序
        ORG              002BH        ;
        RETI                          ;不用中断程序
;
;初始化程序
CLEARMEN:    MOV    R0,#20H         ;20H~29H 循环清 0
```

```
                MOV     R1,#0AH          ;
CLEARLOOP:      MOV     @R0,#00H         ;
                INC     R0               ;
                DJNZ    R1,CLEARLOOP     ;
                MOV     P0,#0FFH         ;四端口置1
                MOV     P1,#0FFH         ;
                MOV     P2,#0FFH         ;
                MOV     P3,#0FFH         ;
                CLR     P3.0             ;BH1415 禁止操作
                CLR     P3.1             ;
                CLR     P3.6             ;
                LCALL   KEYFUN15         ;置立体声发射方式，开立体声发射指示灯
CLEAR1:         MOV     PCON,#00H        ;控制寄存器清 0
                MOV     29H,#00H         ;置初始值为 88MHz（显示为 088.0）
                MOV     28H,#08H         ;
                MOV     27H,#08H         ;
                MOV     26H,#00H         ;
                LCALL   DISPUPDAT        ;写入 BH1415 芯片（修改发送频率）
                RET                      ;子程序返回
;
; 主程序
START:          LCALL   CLEARMEN         ;上电初始化
MAIN:           LCALL   KEYWORK          ;调查键子程序
                LCALL   DISPLAY          ;LED 显示一次
                AJMP    MAIN             ;转 MAIN 循环
                NOP                      ;PC 出错处理
                NOP                      ;
                AJMP    START            ;重新初始化
;
; 4×4 行列扫描查键子程序
KEYWORK:        MOV     P1,#0FFH         ;置 P1 口为输入状态
                CLR     P1.0             ;扫描第一行（第一行为 0）
                MOV     A,P1             ;读入 P1 口值
                ANL     A,#0F0H          ;低四位为 0
                CJNE    A,#0F0H,KEYCON   ;高四位不为全 1（有键按下）转 KEYCOON
                SETB    P1.0             ;扫描第二行（第二行为 0）
                CLR     P1.1             ;
```

```
                MOV     A,P1                    ; 读入 P1 口值
                ANL     A,#0F0H                 ; 低四位为 0
                CJNE    A,#0F0H,KEYCON          ; 高四位不为全 1（有键按下）转 KEYCOON
                SETB    P1.1                    ; 扫描第三行（第三行为 0）
                CLR     P1.2                    ;
                MOV     A,P1                    ; 读入 P1 口值
                ANL     A,#0F0H                 ; 低四位为 0
                CJNE    A,#0F0H,KEYCON          ; 高四位不为全 1（有键按下）转 KEYCOON
                SETB    P1.2                    ; 扫描第四行（第四行为 0）
                CLR     P1.3                    ;
                MOV     A,P1                    ; 读入 P1 口值
                ANL     A,#0F0H                 ; 低四位为 0
                CJNE    A,#0F0H,KEYCON          ; 高四位不为全 1（有键按下）转 KEYCOON
                SETB    P1.3                    ; 结束行扫描
                RET                             ; 子程序返回
KEYCON:         LCALL   DL10MS                  ; 消抖处理
                MOV     A,P1                    ; 再读入 P1 口值
                ANL     A,#0F0H                 ; 低四位为 0
                CJNE    A,#0F0H,KEYCHE          ; 高四位不为全 1，确有键按下，转 KEYCHE
KEYOUT:         RET                             ; 干扰，子程序返回
KEYCHE:         MOV     A,P1                    ; 读 P1 口值
                MOV     KEYWORD,A               ; 放入 23H 暂存
CJLOOP:         LCALL   DISPLAY                 ; 调显示子程序
                MOV     A,P1                    ; 读 P1 口值
                ANL     A,#0F0H                 ; 低四位为 0
                CJNE    A,#0F0H,CJLOOP          ; 高四位为全 1（键还按着），转 CJLOOP 等待释放
                MOV     R7,#00H                 ; 键释放，置 R7 初值为 #00H（查表次数）
                MOV     DPTR,#KEYTAB            ; 取键值表首址
CHEKEYLOOP:     MOV     A,R7                    ; 查表次数入 A
                MOVC    A,@A+DPTR               ; 查表
                XRL     A,KEYWORD               ; 查表值与 P1 口读入值比较
                JZ      KEYOK                   ; 为 0（相等）转 KEYOK
                INC     R7                      ; 不等，查表次数加 1
                CJNE    R7,#10H,CHEKEYLOOP      ; 查表次数不超过 16 次转 CHEKEYLOOP 再查
                RET                             ; 16 次到，退出
;
KEYOK:          MOV     A,R7                    ; 查表次数入 A（即键号值）
```

```
                MOV     B,A                     ;放入 B
                RL      A                       ;左移
                ADD     A,B                     ;相加（键号乘 3 处理 JMP 3 字节指令）
                MOV     DPTR,#KEYFUNTAB         ;取键功能散转表首址
                JMP     @A+DPTR                 ;查表
KEYFUNTAB       LJMP    KEYFUN00               ;键功能散转表。跳至 0 号键功能程序
                LJMP    KEYFUN01               ;跳至 01 号键功能程序
                LJMP    KEYFUN02               ;跳至 02 号键功能程序
                LJMP    KEYFUN03
                LJMP    KEYFUN04
                LJMP    KEYFUN05
                LJMP    KEYFUN06
                LJMP    KEYFUN07
                LJMP    KEYFUN08
                LJMP    KEYFUN09
                LJMP    KEYFUN10
                LJMP    KEYFUN11
                LJMP    KEYFUN12
                LJMP    KEYFUN13
                LJMP    KEYFUN14
                LJMP    KEYFUN15               ;跳至 15 号键功能程序
                RET                            ;散转出错返回
        ;
        ;键号对应 P1 口数值表（同时按下两键为无效操作）
KEYTAB:         DB      0EEH,0DEH,0BEH,7EH,0EDH,0DDH,0BDH,7DH
                DB      0EBH,0DBH,0BBH,7BH,0E7H,0D7H,0B7H,77H,0FFH,0FFH
        ;
        ;0 号键功能程序
KEYFUN00:       INC     29H                    ;百位数加 1
                MOV     A,29H                  ;入 A
                CLR     C                      ;清进位标志
                CJNE    A,#02H,FUN00           ;
FUN00:          JC      FUN00OUT               ;百位小于 2 转 FUN00OUT
                MOV     29H,#00H               ;大于等于 2 清为 0（百位只能是 0 或 1）
FUN00OUT:       MOV     A,29H                  ;判断百位是 0 还是 1
                XRL     A,#01H                 ;
                JNZ     F00OUT1                ;若百位为 0 转 F00OUT1
```

```
                    MOV     28H,#00H              ; 若百位为 1，十位为 0
                    AJMP    F00OUT                ;
F00OUT1:            MOV     28H,#08H              ; 若百位为 0，十位数改为 8
F00OUT:             LCALL   DISPUPDAT             ; 写入控制芯片（修改发射频率）
                    RET                           ; 返回
;
; 01 号键功能程序
KEYFUN01:           INC     28H                   ; 十位数加 1
                    MOV     A,28H                 ; 入 A
                    CLR     C                     ; 清进位标志
                    CJNE    A,#0AH,FUN01          ; 判断是否小于 10
FUN01:              JC      FUN01OUT              ; 十位数小于 10 转 FUN01OUT
                    MOV     28H,#00H              ; 十位数大于或等于 10 清为 0
FUN01OUT:           MOV     A,29H                 ; 判断百位数是 0 不是 1
                    XRL     A,#01H                ;
                    JNZ     F01OUT                ;
                    MOV     28H,#00H              ; 百位数为 1 时，十位数为 0
                    AJMP    F001OUT               ;
F01OUT:             MOV     A,28H                 ; 百位为 0 时，十位数只能是 8 或 9
                    XRL     A,#08H                ; 判断是不是 8
                    JZ      F001OUT               ; 十位数是 8 转 F001OUT
                    MOV     A,28H                 ;
                    XRL     A,#09H                ; 判断是不是 9
                    JZ      F001OUT               ; 十位数是 9 转 F001OUT
                    MOV     28H,#08H              ; 不是 8 也不是 9，十位赋值为 8
F001OUT:            LCALL   DISPUPDAT             ; 写入控制芯片（修改发射频率）
                    RET                           ; 返回
;
; 02 号键功能程序
KEYFUN02:           INC     27H                   ; 个位数加 1
                    MOV     A,27H                 ;
                    CLR     C                     ;
                    CJNE    A,#0AH,FUN02          ; 判断是否小于 10
FUN02:              JC      FUN02OUT              ; 小于 10 转 FUN02OUT
                    MOV     27H,#00H              ; 大于或等于 10 清为 0
FUN02OUT:           LCALL   DISPUPDAT             ; 写入控制芯片（修改发射频率）
                    RET                           ;
```

```
;
;03 号键功能程序
KEYFUN03:     INC     26H               ;个位数加 1
              MOV     A,26H             ;
              CLR     C                 ;
              CJNE    A,#0AH,FUN03       ;判断是不小于 10
FUN03:        JC      FUN03OUT          ;小于 10 转 FUN03OUT
              MOV     26H,#00H          ;大于或等于 10 清为 0
FUN03OUT:     LCALL   DISPUPDAT         ;写入控制芯片（修改发射频率）
              RET                       ;返回
;
;04 号键功能程序（频率预置键）
KEYFUN04:     MOV     29H,#01H          ;预置 109.0MHz 发射频率
              MOV     28H,#00H
              MOV     27H,#09H
              MOV     26H,#00H
              LCALL   DISPUPDAT         ;写入控制芯片（修改发射频率）
              RET
;
;05 号键功能程序（频率预置键）
KEYFUN05:     MOV     29H,#01H          ;预置 108.0MHz 发射频率
              MOV     28H,#00H
              MOV     27H,#08H
              MOV     26H,#00H
              LCALL   DISPUPDAT         ;写入控制芯片（修改发射频率）
              RET
;
;06 号键功能程序（频率预置键）
KEYFUN06:     MOV     29H,#01H          ;预置 105.0MHz 发射频率
              MOV     28H,#00H
              MOV     27H,#05H
              MOV     26H,#00H
              LCALL   DISPUPDAT         ;写入控制芯片（修改发射频率）
              RET
;
;07 号键功能程序（频率预置键）
KEYFUN07:     MOV     29H,#01H          ;预置 100.0MHz 发射频率
```

```
                MOV    28H,#00H
                MOV    27H,#00H
                MOV    26H,#00H
                LCALL  DISPUPDAT              ; 写入控制芯片（修改发射频率）
                RET
;
; 08 号键功能程序（频率预置键）
KEYFUN08:       MOV    29H,#00H              ; 预置 98.0MHz 发射频率
                MOV    28H,#09H
                MOV    27H,#08H
                MOV    26H,#00H
                LCALL  DISPUPDAT              ; 写入控制芯片（修改发射频率）
                RET
;
; 09 号键功能程序（频率预置键）
KEYFUN09:       MOV    29H,#00H              ; 预置 96.0MHz 发射频率
                MOV    28H,#09H
                MOV    27H,#06H
                MOV    26H,#00H
                LCALL  DISPUPDAT              ; 写入控制芯片（修改发射频率）
                RET
;
; 10 号键功能程序（频率预置键）
KEYFUN10:       MOV    29H,#00H              ; 预置 94.0MHz 发射频率
                MOV    28H,#09H
                MOV    27H,#04H
                MOV    26H,#00H
                LCALL  DISPUPDAT              ; 写入控制芯片（修改发射频率）
                RET
;
; 11 号键功能程序（频率预置键）
KEYFUN11:       MOV    29H,#00H              ; 预置 92.0MHz 发射频率
                MOV    28H,#09H
                MOV    27H,#02H
                MOV    26H,#00H
                LCALL  DISPUPDAT              ; 写入控制芯片（修改发射频率）
                RET
```

```
;
;12 号键功能程序（频率预置键）
KEYFUN12:    MOV    29H,#00H              ;预置 90.0MHz 发射频率
             MOV    28H,#09H
             MOV    27H,#00H
             MOV    26H,#00H
             LCALL  DISPUPDAT            ;写入控制芯片（修改发射频率）
             RET
;
;13 号键功能程序（频率预置键）
KEYFUN13:    MOV    29H,#00H              ;预置 88.0MHz 发射频率
             MOV    28H,#08H
             MOV    27H,#08H
             MOV    26H,#00H
             LCALL  DISPUPDAT            ;写入控制芯片（修改发射频率）
             RET
;
;14 号键功能程序（频率预置键）                    ;预置 87.8MHz 发射频率
KEYFUN14:    MOV    29H,#00H
             MOV    28H,#08H
             MOV    27H,#07H
             MOV    26H,#08H
             LCALL  DISPUPDAT            ;写入控制芯片（修改发射频率）
             RET
;
;15 号键功能程序（立体声 / 单声道设置键）
KEYFUN15:    CPL    03H                  ;立体 / 单声标志取反
             JNB    03H,MONO             ;为 0 转单声道 MONO
             CLR    P3.3                 ;为 1 开立体声指示灯
             LCALL  PUTBIT              ;发送控制字至 BH1415
             RET                         ;返回
MONO:        SETB   P3.3                 ;关立体声指示灯
             LCALL  PUTBIT              ;发控制字至 BH1415
             RET                         ;返回
;
; 将 BCD 码转为十六进制数，与 5 位控制码合成操作码，写入控制芯片
DISPUPDAT:   LCALL  BCDB                ;调 BCD 码转为十六进制数程序
```

```
            LCALL    CONCOMMAND              ; 调与 5 位控制码合成操作码程序
            LCALL    PUTBIT                  ; 发送控制字至 BH1415
            RET                              ; 返回
    ;
    ; 将 BCD 码转为十六进制数程序
    BCDB:       MOV      CONBITL,#00H            ; 控制字清 0
            MOV      CONBITH,#00H            ; 控制字清 0
            MOV      CONBITL,26H             ; 小数位数放入控制字低 8 位
            MOV      A,27H                   ; 个位数乘 10 操作
            MOV      B,#10                   ;
            LCALL    MULLOOP                 ; 调乘法子程序
            MOV      A,28H                   ; 十位数乘 100 操作
            MOV      B,#100                  ;
            LCALL    MULLOOP                 ; 调乘法子程序
            MOV      A,29H                   ;
            JNZ      ADD3E8                  ; 百位数为 1 转 ADD3E8（加 1000 操作）
            RET                              ; 百位数为 0 退出
    ADD3E8:     CLR      C                       ; 清进位档标志
            MOV      A,#0E8H                 ; 低 8 位加法
            ADD      A,CONBITL               ; 累加
            MOV      CONBITL,A               ; 放回 CONBITL
            MOV      A,#03H                  ; 高 8 位加法
            ADDC     A,CONBITH               ; 控制字高 8 位处理
            MOV      CONBITH,A               ; 放回 CONBITH
            RET                              ; 返回
    ;
    ; 乘法及累加处理程序（将四位显示的十进制 BCD 码转为 1 个二进制数）
    MULLOOP:    MUL      AB                      ; 乘法
            CLR      C                       ; 清进位标志
            ADD      A,CONBITL               ; 积低 8 位与 CONBITL 相加
            MOV      CONBITL,A               ; 放回 CONBITL
            MOV      A,CONBITH               ;
            ADDC     A,B                     ; 积高 8 位与 CONBITH 带进位累加
            MOV      CONBITH,A               ; 放回 CONBITH
            RET                              ; 返回
    ;
    ; 频率控制数据与 5 位控制码合成 BH1415 控制字
```

```
CONCOMMAND:  ANL   CONBITH,#07H            ; 高四位为 0
             MOV   A,20H                   ; 控制字放入 A
             ORL   A,CONBITH               ; 合成控制字
             MOV   CONBITH,A               ; 放回 CONBITH
             RET                           ; 返回
;
;;;;;;;;;;;;;;;;;;;;;;;;;;;;;;;;;;;;;;;;;
;;              显示程序                    ;;
;;;;;;;;;;;;;;;;;;;;;;;;;;;;;;;;;;;;;;;;;
; 共阳 LED 显示，P0 口输出段码，P2 口输出扫描字
DISPLAY:     MOV R1,#26H                   ; 显示首址
             MOV R5,#0FEH                  ; 设扫描字
PLAY:        MOV A,R5                      ; 放入 A
             MOV P0,A                      ; P0 口输出
             MOV A,@R1                     ; 取显示数据
             MOV DPTR,#TAB                 ; 取段码表首址
             MOVC A,@A+DPTR                ; 查段码
             MOV P2,A                      ; 从 P2 输出
             MOV A,R5                      ; 读入扫描字
             JB ACC.1,PLAY1                ; 不是十位（LED），不显示小数点
             CLR P2.7                      ; 是十位，显示小数点
PLAY1:       LCALL DL1MS                   ; 点亮 1 毫秒
             INC R1                        ; 指向下一显示数据
             JNB ACC.3,ENDOUT              ; 是第四位 LED，退出
             RL A                          ; 不是，左移一位
             MOV R5,A                      ; 放回 R5
             SETB  P2.7                    ; 关小数点
             AJMP PLAY                     ; 转 PLAY 循环
ENDOUT:      MOV  P2,#0FFH                 ; 显示结束，关显示输出口
             MOV  P0,#0FFH                 ;
             RET                           ; 返回
;
; 0-9 共阳段码表
TAB: DB  0C0H,0F9H,0A4H,0B0H,99H,92H,82H,0F8H,80H,90H,0FFH,0FFH
;
```

```
;;;;;;;;;;;;;;;;;;;;;;;;;;;;;;;;;;;;;;;;;;;;
;;              发送控制字节子程序                  ;;
;;;;;;;;;;;;;;;;;;;;;;;;;;;;;;;;;;;;;;;;;;;;;
;
PUTBIT:      MOV    A,CONBITL          ; 低 8 位控制字人 A
             SETB   P3.6               ;BH1415 使能（允许写）
             LCALL  PUT                ; 发送 8 位
             MOV    A,CONBITH          ; 高 8 位控制字人 A
             LCALL  PUT                ; 发送 8 位
             CLR    P3.6               ;BH1415 写禁止
             CLR    P3.0               ; 复位
             CLR    P3.1               ; 复位
             RET                       ; 返回
;
; 字节发送子程序
PUT:         MOV    R3,#8              ; 发送 8 位控制
             CLR    C                  ; 清 C
PUT1:        RRC    A                  ; 带进位位右移（先发低位）
             MOV    P3.0,C             ; 低位送至 P3.0 口
             NOP                       ; 延时 4 微秒
             NOP                       ;
             NOP                       ;
             NOP                       ;
             SETB   P3.1               ; 锁存数据（上升沿时锁存数据）
             NOP                       ; 延时 4 微秒
             NOP                       ;
             NOP                       ;
             NOP                       ;
             CLR    P3.1               ;
             DJNZ   R3,PUT1            ;8 位未发完转 PUT1 再发
             RET                       ;8 位发完结束
;
;513 微秒延时子程序
DL513:       MOV    R3,#0FFH
DL513LOOP:   DJNZ   R3,DL513LOOP
             RET
;
```

```
;1毫秒延时子程序（LED点亮用）
DL1MS:          MOV    R4,#02H
DL1MSLOOP:      LCALL  DL513
                DJNZ   R4,DL1MSLOOP
                RET
;
;10毫秒延时子程序（消抖动用）
DL10MS:         MOV    R6,#0AH
DL10MSLOOP:     LCALL  DL1MS
                DJNZ   R6,DL10MSLOOP
                RET
;
;
END                                             ;程序结束
```

附录 2 : 单片机 C 源程序清单

```
/*****************************************************************/
//                    BH1415F 调频台控制 C 程序
//                        使用 keil C51
//                      2005.3.16 通过调试
/*****************************************************************/
// 使用 AT89C52 单片机，12MHZ 晶振，用共阳四位 LED 数码管
//P0 口输出段码，P2 口扫描
//#pragma src(d:\aa.asm)
#include "reg52.h"
#include "intrins.h"      //_nop_();延时函数用
#define   Disdata    P0   // 段码输出口
#define   discan     P2   // 扫描口
#define   keyio      P1   // 键盘接口
#define uchar unsigned char
#define uint   unsigned int
sbit   DA=P3^0;           // 数据输出
sbit   CK=P3^1;           // 时钟
sbit   CE=P3^2;           // 片选
sbit   DIN=P0^7;          //LED 小数点控制
sbit   monolamp=P3^3;     // 立体声指示灯
uint   h;                 // 延时参量
//
// 扫描段码表
uchar code dis_7[12]={0xC0,0xF9,0xA4,0xB0,0x99,0x92,0x82,0xF8,0x80,0x
90,0xff,0xbf};
   /* 共阳 LED 段码表    "0" "1" "2" "3" "4" "5" "6" "7" "8" "9" "不亮" "-" */
```

```
uchar code   scan_con[4]={0xfe,0xfd,0xfb,0xf7};   // 列扫描控制字
uint  data  f_data={0x00},f_data1;              //  频率数据,数据运算时暂存用
uchar data  display[4]={0x00,0x00,0x00,0x00};   // 显示单元数据,共4个数据
uchar bdata condata=0x08;                    //1415控制字高5位,开机为立体声状态
sbit mono=condata^3;                        // 单声道/立体声控制位
uchar data  concommand[2],keytemp;           // 合成后的2个控制字,键值存放
//
/**************************************************************/
//
//
/***********11微秒延时函数**********/
//
void delay(uint t)
{
for(;t>0;t--);
}
//
/***********LED显示动态扫描函数**********/
scan()
{
char k;
    for(k=0;k<4;k++)            // 四位LED扫描控制
     {
      Disdata=dis_7[display[k]];
      if(k==1){DIN=0;}
      discan=scan_con[k];delay(90);discan=0xff;
     }
 }
//
//
/*********** 频率数据转换为显示用BCD码函数**********/
turn_bcd()
{
display[3]=f_data/1000;if(display[3]==0){display[3]=10;}
// 最高位为0时不显示
f_data1=f_data%1000;
display[2]=f_data1/100;// 求显示十位数
```

```
f_data1=f_data1%100;
display[1]=f_data1/10; //求显示个位数
display[0]=f_data1%10; //求显示小数位
}
/********** 控制字合成函数 **********/
command()
{
concommand[1]=f_data/256;
concommand[0]=f_data%256;
concommand[1]=concommand[1]+condata;
}
/********** 写入 1 个字节函数 **********/
write(uchar val)
{
uchar i;
CE=1;
for(i=8;i>0;i--)
{
DA=val&0x01;//
_nop_();_nop_();_nop_();_nop_();
CK=1;
_nop_();_nop_();_nop_();_nop_();
CK=0;
val=val/2;
}
CE=0;
}
/********** 控制字写入 1415 函数 **********/
w_1415()
{
write(concommand[0]);
write(concommand[1]);
}
//
//************* 频率刷新 *****************//
fup()
{
```

```
turn_bcd();                  // 显示 BCD 码转换
command();                   // 合成控制字
w_1415();                    // 写入 1415
}
//
/********** 查键函数 **********/
read_key()
{
keyio=0xf0;
keytemp=(~keyio)&0xf0;
if(keytemp!=0)
{
keytemp=keyio;
keyio=0x0f;
keytemp=keytemp|keyio;
while(((~keyio)&0x0f)!=0);      //
switch(keytemp)
{
case 238:{f_data++;if(f_data>1099){f_data=1099;}fup();break;}
// 加 0.1MHz
case 222:{f_data--;if(f_data<800){f_data=800;}fup();break;}
// 减 0.1MHz
case 190:{mono=~mono;if(mono){monolamp=0;}else monolamp=1;fup();break;}
// 立体声 / 单声道转换
case 126:{f_data=1090;fup();break;}        // 预置 109.0MHz
case 237:{f_data=1070;fup();break;}        // 预置 107.0MHz
case 221:{f_data=1050;fup();break;}        // 预置 105.0MHz
case 189:{f_data=1030;fup();break;}        // 预置 103.0MHz
case 125:{f_data=1000;fup();break;}        // 预置 100.0MHz
case 235:{f_data=970;fup();break;}         // 预置 97.0MHz
case 219:{f_data=950;fup();break;}         // 预置 95.0MHz
case 187:{f_data=930;fup();break;}         // 预置 93.0MHz
case 123:{f_data=900;fup();break;}         // 预置 90.0MHz
case 231:{f_data=870;fup();break;}         // 预置 87.0MHz
case 215:{f_data=850;fup();break;}         // 预置 85.0MHz
case 183:{f_data=830;fup();break;}         // 预置 83.0MHz
case 119:{f_data=800;fup();break;}         // 预置 80.0MHz
```

```
default:{break;}//
  }
}
keyio=0xff;
}
//
//
//
/************* 主函数 ****************/
main()
{
Disdata=0xff;                    // 初始化端口
discan=0xff;
keyio=0xff;
DA=0;                            //bh1415 禁止
CK=0;                            //
CE=0;                            //
for(h=0;h<4;h++){display[h]=8;}  // 开机显示 "8888"
for(h=0;h<500;h++)
    {scan();}                    // 开机显示 "8888"2 秒
f_data=1000;                     // 预置 1000MHz
monolamp=0;                      // 开机立体声灯点亮
fup();                           // 频率送入 BH1415
while(1)
  {
    read_key();                  // 查键按纽
    scan();                      // 显示 4ms
  }
}
//
//******************** 结束 ************************//
```

附录 3：实物图片

实例四

基于 DDS 技术的数控信号发生器的设计

摘　要

　　信号发生器是一类十分重要的电子仪器，在通信、测控、导航、雷达、医疗等领域有着广泛的应用。直接数字式频率合成技术 DDS(Direct Digital Synthesis) 是新一代的频率合成技术，它采用数字控制信号的相位增量技术，具有频率分辨率高，频率切换快，频率切换时相位连续和相位噪声低以及全数字化易于集成等优点而被广泛采用。 本文在分析现有信号发生器工作原理的基础上，根据系统指标合理地采用了 DDS 技术，以 AD9850 芯片为核心，设计了一种结构简单性能优良的信号发生器。详细分析了该信号发生器的系统结构、软硬件设计和具体电路实现。软件部分主要开发基于单片机 AT89C52 的数据处理和控制程序，以及信号发生器的外部通信程序。完成了实验电路板的制作，并通过电路板的调试，实验电路工作正常。该信号发生器具有输出信号波形种类多、精度高、频带宽等特点。

关键词：DDS ；单片机 ；信号发生器

Abstract

Signal generator is a very important instrument in the communications, monitoring and control, navigation, radar, medical and other fields have a wide range of applications. Direct Digital Synthesis techniques DDS (Direct Digital Synthesis) is the next generation of frequency synthesis technology, using digital control signals in the incremental phase, with high frequency resolution and fast switching frequency, frequency switching phase for phase noise and low As well as digital and easy to integrate the advantages that are widely used. Based on the analysis of existing signal generator on the basis of the principle, according to system indicators reasonable use of the DDS technology to AD9850 chip as the core, design a simple structure and excellent performance of the signal generator. Detailed analysis of the signal generator system architecture, hardware and software design and specific circuit. Some of the major software development based on SCM AT89S52 data processing and control procedures, and signal generator external communications procedures. To complete the production of circuit boards, and through the debug circuit boards, circuit experiment is working. The signal generator with output signal waveform types, high accuracy, frequency bandwidth, and other characteristics.

Key words : DDS ; Microcontroller ; Signal generator

前　言

1、单片机的发展概况

单片机诞生于 20 世纪 70 年代末，经历了 SCM、MCU、SoC 三大阶段。

（1）SCM 即单片微型计算机（Single Chip Microcomputer）阶段，主要是寻求最佳的单片形态嵌入式系统的最佳体系结构。"创新模式"获得成功，奠定了 SCM 与通用计算机完全不同的发展道路。在开创嵌入式系统独立发展道路上，Intel 公司功不可没。

（2）MCU 即微控制器（Micro Controller Unit）阶段，主要的技术发展方向是：不断扩展满足嵌入式应用时，对象系统要求的各种外围电路与接口电路，突显其对象的智能化控制能力。它所涉及的领域都与对象系统相关，因此，发展 MCU 的重任不可避免地落在电气、电子技术厂家。从这一角度来看，Intel 逐渐淡出 MCU 的发展也有其客观因素。在发展 MCU 方面，最著名的厂家当数 Philips 公司。Philips 公司以其在嵌入式应用方面的巨大优势，将 MCS-51 从单片微型计算机迅速发展到微控制器。因此，当我们回顾嵌入式系统发展道路时，不要忘记 Intel 和 Philips 的历史功绩。

（3）单片机是嵌入式系统的独立发展之路，向 MCU 阶段发展的重要因素，就是寻求应用系统在芯片上的最大化解决；因此，专用单片机的发展自然形成了 SoC 化趋势。

随着微电子技术、IC 设计、EDA 工具的发展，基于 SoC 的单片机应用系统设计会有较大的发展。因此，对单片机的理解可以从单片微型计算机、单片微控制器延伸到单片应用系统。

单片机作为微型计算机的一个重要分支，应用面很广，发展很快。自单片机诞生至今，已发展为上百种系列的近千个机种，单片机正朝着高性能和多品种的方向发展。未来的趋势将是进一步向着 CMOS 化、低功耗、小体积、大容量、高性能、低价格和外围电路内装化等几个方面发展。近年来，由于 CMOS 技术的发展，大大地促进了单片机的 CMOS 化，低功耗 CMOS 单片机使用电压在 3~6V 之间，完全适应电池工作，其功耗已在 mA 级，甚至 1uA 以下。目前低电压供电的单片机电源下限已可达 1~2V，0.8V 供电的单片机也已经问世。

（1）低功耗化。单片机的功耗已从 Ma 级，甚至 1uA 以下；使用电压在 3~6V 之间，完全适应电池工作。低功耗化的效应不仅是功耗低，而且带来了产品的高可靠性、高抗干扰能力以及产品的便携化。

（2）低电压化。几乎所有的单片机都有 WAIT、STOP 等省电运行方式。允许使用的电压范围越来越宽，一般在 3~6V 范围内工作。低电压供电的单片机电源下限已可达

1~2V。目前 0.8V 供电的单片机已经问世。

　　为提高单片机的抗电磁干扰能力，使产品能适应恶劣的工作环境，满足电磁兼容性方面更高标准的要求，各单片厂家在单片机内部电路中都采用了新的技术措施。

　　（1）大容量化。以往单片机内的 ROM 为 1KB~4KB，RAM 为 64~128B。但在需要复杂控制的场合，该存储容量是不够的，必须进行外接扩充。为了适应这种领域的要求，须运用新的工艺，使片内存储器大容量化。目前，单片机内 ROM 最大可达 64KB，RAM 最大为 2KB。

　　（2）高性能化。主要是指进一步改进 CPU 的性能，加快指令运算的速度和提高系统控制的可靠性。采用精简指令集（RISC）结构和流水线技术，可以大幅度提高运行速度。现指令速度最高者已达 100 MIPS（Million Instruction Per Seconds，即兆指令每秒），并加强了位处理功能、中断和定时控制功能。这类单片机的运算速度比标准的单片机高出 10 倍以上。由于这类单片机有极高的指令速度，就可以用软件模拟其 I/O 功能，由此引入了虚拟外设的新概念。

　　（3）小容量、低价格化 。与上述相反，以 4 位、8 位机为中心的小容量、低价格化也是发展动向之一。这类单片机的用途是把以往用数字逻辑集成电路组成的控制电路单片化，可广泛用于家电产品。

　　（4）外围电路内装化。这也是单片机发展的主要方向。随着集成度的不断提高，有可能把众多的各种处围功能器件集成在片内。除了一般必须具有的 CPU、ROM、RAM、定时器/计数器等以外，片内集成的部件还有模/数转换器、DMA 控制器、声音发生器、监视定时器、液晶显示驱动器、彩色电视机和录像机用的锁相电路等。

　　（5）串行扩展技术。在很长一段时间里，通用型单片机通过三总线结构扩展外围器件成为单片机应用的主流结构。随着低价位 OTP（One Time Programble）及各种类型片内程序存储器的发展，加之外围接口不断进入片内，推动了单片机"单片"应用结构的发展。特别是 I^2C、SPI 等串行总线的引入，可以使单片机的引脚设计得更少，单片机系统结构更加简化及规范化。 随着半导体集成工艺的不断发展，单片机的集成度将更高、体积将更小、功能将更强。在单片机家族中，80C51 系列是其中的佼佼者。

　　由于单片机的这种结构形式及它所采取的半导体工艺，使其具有很多显著的特点，因而在各个领域都得到了迅猛的发展。它的应用遍及各个领域，主要表现在以下几个方面：

　　（1）单片机在智能仪表中的应用。单片机广泛地用于各种仪器仪表，使仪器仪表智能化，并可以提高测量的自动化程度和精度，简化仪器仪表的硬件结构，提高其性能价格比。

　　（2）单片机在机电一体化中的应用。机电一体化是机械工业发展的方向。机电一体化产品是指集成机械技术、微电子技术、计算机技术于一体，具有智能化特征的机电产品，例如微机控制的车床、钻床等。单片机作为产品中的控制器，能充分发挥它的体积小、可靠性高、功能强等优点，可大大提高机器的自动化、智能化程度。

　　（3）单片机在实时控制中的应用。单片机广泛地用于各种实时控制系统中。例如，在工业测控、航空航天、尖端武器、机器人等各种实时控制系统中，都可以用单片机作为控制器。单片机的实时数据处理能力和控制功能，可使系统保持在最佳工作状态，提高系统的工作效率和产品质量。

（4）单片机在分布式多机系统中的应用。在比较复杂的系统中，常采用分布式多机系统。多机系统一般由若干台功能各异的单片机组成，各自完成特定的任务，它们通过串行通信相互联系、协调工作。单片机在这种系统中往往作为一个终端机，安装在系统的某些节点上，对现场信息进行实时的测量和控制。单片机的高可靠性和强抗干扰能力，使它可以置于恶劣环境的前端工作。

（5）单片机在人类生活中的应用。自从单片机诞生以后，它就步入了人类生活，如洗衣机、电冰箱、电子玩具、收录机等家用电器配上单片机后，提高了智能化程度，增加了功能，备受人们喜爱。单片机将使人类生活更加方便、舒适、丰富多彩。综合所述，单片机已成为计算机发展和应用的一个重要方面。另一方面，单片机应用的重要意义还在于，它从根本上改变了传统的控制系统设计思想和设计方法。从前必须由模拟电路或数字电路实现的大部分功能，现在已能用单片机通过软件方法来实现了。这种软件代替硬件的控制技术也称为微控制技术，是传统控制技术的一次革命。

2、DDS技术简介

产生模拟信号的传统方法是采用 RC 或 LC 振荡器，其产生的信号的频率精度和稳定度都很差，后来使用了锁相环技术，频率精度大大提高，但是工艺复杂，分辨力不高，频率变换和实现计算机程控也不方便。DDS 技术出现于 20 世纪 80 年代，它是一种全数字频率合成技术。它完全没有振荡元件和锁相环，而是用一连串数据流经过数模转换器产生出一个预先设定的模拟信号。它将先进的数字信号处理理论与方法引入信号合成领域，实现了合成信号的频率转换速度与频率准确度之间的统一。它具有相位变换连续、频率转换速度快、频率分辨率极高、相位噪声低、频率稳定度高（取决于所用的参考晶振的稳定度）、集成度高、易于控制等多种优点，近年来 DDS 技术得到了飞速的发展，各种专用和通用的 DDS 芯片也不断上市，有的甚至做成了小型系统。

因为正弦波信号可以用这样的函数来表示，$yt=\sin(\omega)$，这是一个非线性函数。要直接合成一个正弦波信号，首先应将函数 $y=\sin(x)$ 进行数字量化，然后以 x 为地址，以 y 为量化数据，依次存入波形存储器。DDS 使用了相位累加技术来控制波形存储器的地址，在每一个基准时钟周期中，都把一个相位增量加到相位累加器的当前结果上。相位累加器的输出即为波形存储器的地址，通过改变相位增量即可以改变 DDS 的输出频率值，所以基准时钟频率的稳定度也就是输出频率的稳定度。根据相位累加器输出的地址，由波形存储器取出波形量化数据，经过数模转换器转换成模拟电流，再经过运算放大器转换成模拟电压。由于波形数据是间断的取样数据，所以 DDS 发生器输出的是一个阶梯正弦波形，必须经过低通滤波器将波形中所含的高次谐波滤除掉，输出即为连续的正弦波。

DDS 芯片通常带有一个幅度调节器，可以通过微处理器将幅度设定值送到 DDS 芯片的相关寄存器，以产生出一个合适的信号幅度。如果要求功率输出，则再经过功率放大器进行功率放大，最后由"输出"端口输出。

采用直接数字合成技术（DDS）设计的信号发生器与传统信号源相比具有其独特的

优点：

（1）频率稳定度高。频率稳定度取决于使用的参考频率源晶体振荡器的稳定度，一般市面上常见的晶振的稳定度可以达到 10^{-6} 数量级。

（2）频率精度高。目前常见的 DDS 芯片的频率分辨率在 $1/12^{28\sim32}$。适用于高精度的计量和测试。尤其对于那些需要特别低的频率（比如：0.0001Hz），用通常的方法是很难实现，而采用 DDS 技术，可以非常容易的实现，而且精度、稳定度非常高，体积也很小。

（3）无量程限制。在全部频率范围内，频率设定一次到位，最适合于宽频带系统的测试。

（4）无过渡过程。频率转换时没有过渡过程，信号相位和幅度真正连续无畸变，最适合于动态特性的测试。

（5）易于控制。目前新上市的 DDS 芯片大多都带有微控制器，设计者只要增加少许外围器件就可以制作成基于 DDS 技术的高质量信号发生器，如果再增加一些智能控制可以设计出幅度、频率、相位都方便控制的多功能信号发生器。而且性能完全可以达到高档进口信号发生器所具有的性能，而价格可以大大节省。

随着微电子技术的迅速发展，直接数字频率合成器得到了飞速的发展，它以有别于其他频率合成方法的优越性能和特点成为现代频率合成技术中的佼佼者。具体体现在相对带宽宽、频率转换时间短、频率分辨率高、输出相位连续、可产生宽带正交信号及其他多种调制信号、可编程和全数字化、控制灵活方便等方面，并具有极高的性价比。现已广泛应用于通讯、导航、雷达、遥控遥测、电子对抗以及现代化的仪器仪表工业等领域。

设计并制作 DDS 频率合成器具有极高的实际应用价值，可以被用来在各种频率值要求的场合下作为信号源来使用。且对系统进行再扩展后，可以应用在各种实际生产、生活的重要环节中。

第 1 章

总体设计方案论证

1.1 总体设计指标

根据设计任务书的要求，在认真查阅资料分析后，根据实际中的应用及自己的设计思路，将系统技术性能要求确定如下：

（1）采用 12232F（带汉字库）液晶显示器，可以显示 2 行各 15 个 ASCII 码或者 2 行 7 个中文汉字。

（2）上电初始化后显示课题名称及制作者名字。

（3）设四个功能按键，若干个 LED 指示灯。

（4）DDS 输出频率范围为 1~10MHz 的正弦信号。

（5）电源功率：电压 5V，电流 100mA 以内。

1.2 硬件电路系统

硬件电路系统主要由 STC12C5410AD 单片机、AD9850 芯片、MAX232 电平转换芯片等组成，系统框架如图 1-1 所示。通过键盘按键，输入用户要生成的频率和调制方式，单片机将其显示在液晶屏上，同时根据此频率数值计算出控制字去控制 AD9850 输出信号的频率。

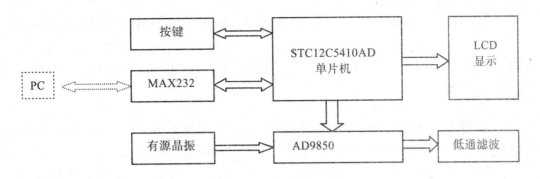

图 1-1 DDS 信号发生器的原理框图

　　硬件系统可以分为两大功能模块：单片机系统、DDS 模块。单片机系统包括
STC12C5410AD 单片机、键盘、带中文字库的图形点阵液晶显示模块 12232F。DDS 模
块包括 AD9850 核心芯片、2 个级联的低通滤波器。

1.2.1　单片机的选择

　　考虑到本设计中的硬件电路及单片机实际端口使用的情况，且为了提高程序开发的
效率及烧写的方便，决定采用宏晶公司的单片机 STC12C5410AD。STC12C5410 系列单片
机为单时钟 / 机器周期，完全兼容 8051 系列内核，是高速 / 低功耗的新一代 8051 单片机，
全新的流水线 / 精简指令集结构，内部集成 MAX810 专用复位电路，在系统可编程（ISPC）、
应用可编程（IAPC），无须专用编程器，可通过串行口（P3.0 /P3.1）直接下载用户程序，
数秒即可完成程序下载。

1.2.2　串口通信的设计

　　在烧写程序时，为了更加可靠，快捷，简单，决定采用 MAX232 专用芯片来实现
RS232 与 TTL 电平的转换，这是实现计算机与外设串口通信所必需的。

1.2.3　DDS 电路的设计

　　根据设计任务的要求，系统的频率输出较高，因此选择 Analog Devices 公司的 DDS
芯片。又考虑硬件设计的兼容和使用的广泛性，决定采用 AD9850 芯片。
　　AD9850 是 AD 公司采用先进的 DDS 技术，于 1996 年推出的高集成度 DDS 频率合
成器，AD9850 的主要性能优点有：
　　（1）输出频带宽
　　AD9850 的输出频带宽度理论值为 f_s 的 50%。考虑到低通滤波器的特性和设计难度，
实际的输出频率带宽为 f_s 的 20%，本次设计输出频率为 0~10MHz，这样可有很好的幅频
特性。

（2）频率转换时间短

DDS 是一个开环系统，无任何反馈环节，这种结构使得 DDS 的频率转换时间极短。在 DDS 的频率控制字改变之后，需经过一个时钟周期之后才能按照新的相位增量累加实现频率的转换。参考时钟频率越高，转换时间越短，在 50 MHz 的标准参考时钟频率下转换时间约为 20 ns。

（3）频率分辨率极高

若参考时钟 f_s 的频率不变，DDS 的频率分辨率就由相位累加器的位数 N 决定。AD9850 在 50 MHz 标准参考频率时的分辨率可达 0.0116 Hz。程序设计时频率发生器在 1 kHz 以下频率输出时的频率调节间隔设为 1 Hz，在 1 kHz 以上时频率调节间隔设为 1 kHz。

（4）相位变化连续

改变 DDS 的输出频率，实际上改变的每一个时钟周期的相位增量，相位函数的曲线是连续的，只是在改变频率的瞬间其频率发生了突变，因此保持了信号相位的连续性。

（5）输出频率的信号幅度

在没有高频放大器的情况下，从 AD9850 输出端可直接得到约 1 V 左右的正弦波信号。

1.2.4　低通滤波器的设计

AD9850 的输出实际上是一系列的采样值，即离散的周期幅值信号。按奈奎斯特采样定理，输出信号的最高值不可超过参考时钟频率的一半。实际上，设计时一般的最大输出为参考频率的 40%，以保证大的抽样率。在 AD9850 手册上，最大的输出信号频率为 62.6 MHz，如按 62.5 MHz 截止频率设计低通滤波器，这样的要求比较高。本次设计采用 50 MHz 有源时钟，输出最大频率控制在 10 MHz 内，以保证较高的抽样率，获得较好的波形，为保证带宽采用了无源低通滤波器。

1.3　程序软件系统

软件开发工具主要使用 Keil-C 编译器或 Wave 汇编编译器。主要要编写程序有：初始化程序、查键程序、频率计算处理程序、通讯程序、显示程序、主循环程序等等。

（1）初始化程序

包括系统内存单元清零、液晶的初始化、显示本系统开机画面、键盘初始化、开外部中断等。

（2）按键处理程序

采用中断方式判断是否有键按下，软件消抖后用扫描方式确定闭合键。按键定义有功能键和数字键，功能键用于选择输出波形方式：正弦波、AM、FM、ASK、FSK，后四个用于功能扩充。数字键用于输入频率调整。

（3）AD9850 频率控制计算程序

AD9850 的输出频率与控制字有以下公式决定：

$$\Delta \text{Phase} = \frac{f_{\text{OUT}} \times 2^{32}}{\text{CLKIN}}$$

单片机将预置频率 f_{OUT} 计算成为 32 位频率控制字 ΔPhase。式中，f_{OUT} 是 DDS 输出的频率，可通过按键调整频率值的大小。CLKIN 是 9850 的参考时钟，最大为 125 MHz。

第 2 章

硬件电路的设计

根据系统的功能及电路框架，DDS 数控信号发生器实际电路设计原理图如图 2-1 所示。

2.1 单片机系统电路的设计

2.1.1 STC12C5410AD 主要技术特点

STC12C5410 系列单片机是兼容 8051 内核的单时钟 / 机器周期 (1T) 单片机，具有高速 / 低功耗、全新的流水线 / 精简指令集结构、内部集成 MAX810 专用复位电路等特点。

主要性能特点有：

（1）增强型 1T 流水线 / 精简指令集结构 8051 CPU；

（2）工作电压 :5. 5V~3. 4V (5V 单片机)/3. 8V~2. 0V (3V 单片机；

（3）工作频率范围 :0~35 MHz，相当于普通 8051 单片机的 0~420MHz；

（4）用户应用程序空间 12K/10K/8K/6K/4K/2K 字节；

（5）片上集成 512 字节 RAM；

（6）通用 I/O 口 (27/23 个)，复位后为 : 准双向口 / 弱上拉 (普通 8051 工作 I/O 口) 可设置成四种模式 : 准双向口 / 弱上拉、推挽 / 强上拉、仅为输入 / 高阻、开漏；

（7）ISP (在系统可编程)/IAP(在应用可编程)，无须专用编程器可通过串口 (P3. 0/P3. 1) 直接下载用户程序，数秒即可完成一片；

（8）EEPROM 功能；

（9）看门狗；

（10）内部集成 MAX810 专用复位电路 (外部晶体 20M 以下时,可省外部复位电路);

（11）时钟源 : 外部高精度晶体 / 时钟，内部 R/C 振荡器，用户在下载用户程序时，可选择是使用内部 R/C 振荡器还是外部晶体 / 时钟，常温下内部 R/C 振荡器频率

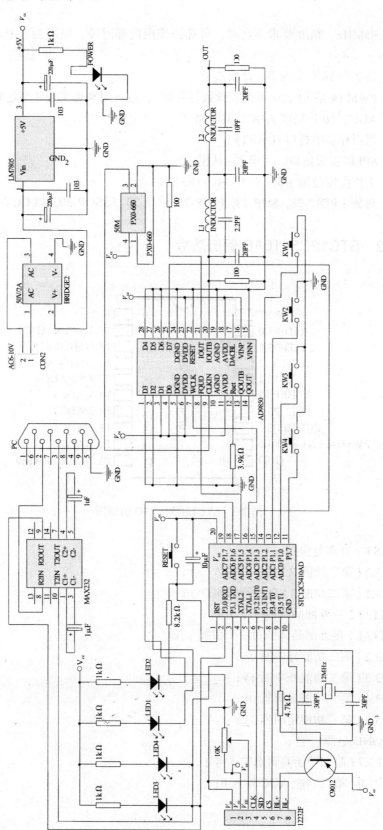

图 2-1 DDS 数控信号发生器电路设计原理图

为 :5.65~5.95MHz，精度要求不高时，可选择使用内部时钟，但因为有温漂，应认为是 5~6. 5MHz ；

（12）共 2 个 16 位定时器 / 计数器 ；

（13）PWM (4 路)/PCA(可编程计数器阵列)，也可用来再实现 4 个定时器 ；

（14）ADC，10 位精度 ADC，共 8 路 ；

（15）通用异步串行口 (UART) ；

（16）SPI 同步通信口，主模式 / 从模式 ；

（17）工作温度范围 : 0 ~ 75℃ /-40~+85℃ ；

（18）封装 : PDIP-28, SOP-28, PDIP-20, SOP-20, TSSOP-20, PLCC-32。

2.1.2　STC12C5410AD 管脚功能

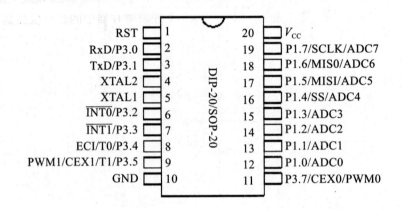

图 2-2　STC12C5410AD 引脚图

1、RST : 外部复位端 ；

2、P3.0 (第二功能 RXD 串行输入口) ；

3、P3.1 (第二功能 TXD 串行输出口) ；

4、XTAL2 接外部晶体的一个引脚 ；

5、XTAL1 接外部晶体的另一个引脚 ；

6、P3.2 (第二功能外中断 0) ；

7、P3.3 (第二功能外中断 1) ；

8、P3.4 (第二功能定时器 0) ；

9、P3.5 (第二功能定时器 1) ；

10、GND 电源负端 ；

11、P3.7 (第二功能高阻态输入等) ；

12、P1.0 (第二功能 ADC 输入 0) ；

13、P1.1（第二功能 ADC 输入 1）；

14、P1.2（第二功能 ADC 输入 2）；

15、P1.3（第二功能 ADC 输入 3）；

16、P1.4（第二功能 ADC 输入 4）；

17、P1.5（第二功能 ADC 输入 5）；

18、P1.6（第二功能 ADC 输入 6）；

19、P1.7（第二功能 ADC 输入 7）；

20、V_{cc} 电源正端。

2.1.3　STC12C5410AD 的端口结构

STC12C5410AD 系列单片机其所有 I/O 口均可由软件配置成 4 种工作类型之一，寄存器设定方法如表 2-1~2-4 所示。4 种类型分别为：准双向口（标准 8051 模式）、推挽输出、仅为输入（高阻）或开漏输出功能。每个口由 2 个控制寄存器中的相应位控制每个引脚工作类型。STC12C5410AD 系列单片机上电复位后默认为准双向口（标准 8051 输出模式）模式。

表 2-1　P3〈P3.7-P3.0〉口设置表

P3M0【7：0】	P3M1【7：0】	I/O 口模式
0	0	准双向口（传统 8051 I/O 模式），灌电流可达 20 mA，拉电流为 230 μA
0	1	推挽输出（强上拉输出，可达 20 mA，尽量少用）
1	0	仅为输入（高阻）
1	1	开漏（Open Drain），内部上拉电阻断开，要外加

表 2-2　P2〈P2.7-P2.0〉口设置表

P2M0【7：0】	P2M1【7：0】	I/O 口模式
0	0	准双向口（传统 8051 I/O 模式），灌电流可达 20 mA，拉电流为 230 μA
0	1	推挽输出（强上拉输出，可达 20mA，尽量少用）
1	0	仅为输入（高阻）
1	1	开漏（Open Drain），内部上拉电阻断开，要外加

表2-3　P1〈P1.7-P1.0〉口设置表

P1M0【7：0】	P1M1【7：0】	I/O 口模式
0	0	准双向口（传统 8051 I/O 模式），灌电流可达 20 mA，拉电流为 230 μA
0	1	推挽输出（强上拉输出，可达 20 mA，尽量少用）
1	0	仅为输入（高阻），如果该 I/O 口需作为 A/D 使用，可选次模式
1	1	开漏（Open Drain），如果该 I/O 口需作为 A/D 使用，可选次模式

表2-4　P0〈P0.7-P0.0〉口设置表

P0M0【7：0】	P0M1【7：0】	I/O 口模式
0	0	准双向口（传统 8051 I/O 模式），灌电流可达 20 mA，拉电流为 230 μA
0	1	推挽输出（强上拉输出，可达 20 mA，尽量少用）
1	0	仅为输入（高阻）
1	1	开漏（Open Drain），内部上拉电阻断开，要外加

2.2　液晶显示器电路的设计

　　12232F 是一种内置 8192 个 16×16 点汉字库和 128 个 16×8 点 ASCII 字符集图形点阵液晶显示器，它主要由行驱动器／列驱动器及 128×32 全点阵液晶显示器组成。可完成图形显示，也可以显示 7.5×2 个（16×16 点阵）汉字，与外部 CPU 接口采用并行或串行方式控制。主要技术参数和性能为：

　　（1）电源：VDD:3.0~+5.5V。（电源低于 4.0V LED 背光需另外供电）。

　　（2）显示内容：122(列)×32(行)点。

　　（3）全屏幕点阵。

　　（4）2M ROM(CGROM)，提供 8192 个汉字（16×16 点阵）库。

　　（5）16K ROM（HCGROM）提供 128 个 ASCII 字符（16×8 点阵）。

　　（6）2 MHz 频率。

　　（7）工作温度：0℃ ~ +60℃，存储温度：-20℃ ~ +70℃。

　　单片机与液晶显示器采用串行接口通讯，液晶显示块中前 8 个引脚设计为串口通信用，引脚功能如表 2-5 所示。图 2-3 为单片机与液晶显示模块的电气连接图。

表 2-5 外部接口信号表

引脚号	名称/符号	电平	功能
1	V_{SS}	0V	电源地
2	V_{DD}	+5V	电源正 (3.0~5.5V)
3	V_{EE}	-	对比度调整
4	CLK	H/L	串行同步时钟：上升沿时读取 SID 数据
5	SID	H/L	串行数据输入端
6	CS	H/L	模组片选端，高电平有效
7	BL+	VDD	背光灯电源正极 (+4.2~+5V)
8	BL-	VSS	背光灯电源负极

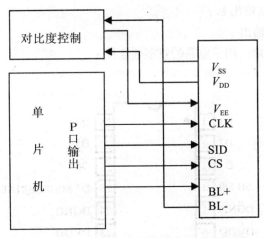

图 2-3 单片机与液晶串行通信原理图

　　液晶显示器的对比度可以通过调节连接在显示模块第 3 脚（V_{EE}）上的可变电阻器输出电压来改变，单片机 P3 口输出显示数据及控制信号，P3.2 连接到 CLK 脚输出串行通信时钟，P3.3 连接到 SID 脚输出串行数据，P3.4 连接到 CS 脚用以对液晶的使能控制，P3.5 输出经一个三极管用以控制液晶背光灯的亮灭。

2.3 DDS 电路的设计

2.3.1 AD9850 的引脚功能

AD9850 为 28 脚 SOP 表面封装，体积很小。其管脚排列如图 2-4 所示，引脚功能如下：
（1）D0~D7：控制字并行数据输入端，其中 D7 可作为串行输入；

（2）FQ_UD：频率更新控制。在脉冲的上升沿将 DDS 的频率值锁存到数据输入寄存器中；

（3）CLKIN：参考时钟输入。可以是连一个续的 CMOS 脉冲或者通过 1/2 电源偏置的正弦波。该时钟的上升沿启动操作；

（4）AGND：模拟地。用于电路的模拟地连接（DAC 和比较器）；

（5）AVDD：对模拟电路的电源电压（DAC 和比较器）；

（6）RSET：DAC 满量程电流调节电阻外部连接口；

（7）QOUT、QB：比较器的互补输出；

（8）VINN、VINP：内部比较器输入端；

（9）DACBL（NC）：悬空；

（10）AVDD：模拟电源；

（11）AGND：模拟电源地；

（12）IOUTB：DAC 输出 B；

（13）IOUT：DAC 输出；

（14）DGND：数字地。用于电路的数字地连接；

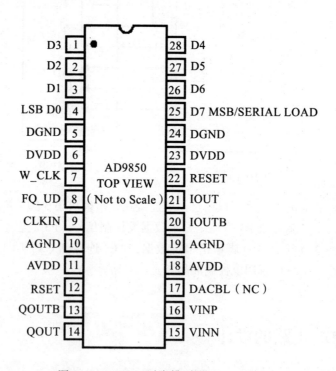

图 2-4   AD9850 引脚排列图

2.3.2   AD9850 的工作原理

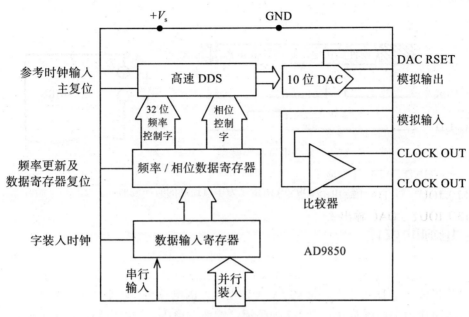

图 2-5   AD9850 原理框图

AD9850 是内部有 32 位累加器、正弦函数 / 余弦函数表、10 位分辨率的 D/A 转换器的 CMOS 大规模集成芯片，其内部结构框图如图 2-5 所示。它内部有 40 位数据寄存器，其中 32 位（四个字节）用于频率控制，8 位（一个字节）用于功能设定。8 位功能字节中的 5 位用于相位控制，1 位用于电源休眠功能，2 位厂家保留为测试控制。频率控制字在低位，相位控制字在高位。这 40 位控制字可通过并行方式或串行方式写入到 AD9850 的数据输入寄存器。DDS 的最高参考输入时钟为 125 MHz。10 位 DAC 输出两个互补的模拟电流，调节 DAC 满量程输出电流，需外接一个电阻 R_{SET}，其调节关系为 $I_{SET}=32(1.248V/R_{SET})$，满量程电流为 (10~20)mA。AD9850 内部有高速比较器，可将 DAC 输出的正弦信号转换成同频率的方波而用作时钟脉冲。AD9850 用 5 位数据控制相位，允许相位按增量 180°、90°、45°、22.5°、11.25° 移动或这些值进行组合。

表 2-6   AD9850 内部 40 位数据寄存器控制功能说明

W4（高字节）	W3	W2	W1	W0（低字节）
D39~D32	D31~D24	D23~D16	D15~D8	D7~D0
8 位用于功能设定	32 位用于频率设定			

AD9850在串口操作方式下,第2脚应接地,第3及4脚应接电源正极。在开机上电时,主机向移位控制时钟（W_CLK）线发一个正脉冲,接着向频率更新控制引脚（FQ_UD）发一个正脉冲即可初始化为串口操作模式。AD9850初始化为串口控制方式的操作时序如图2-6所示。

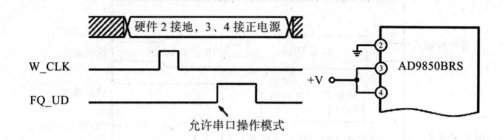

图 2-6   AD9850 初始化为串口控制的时序波形

2.4   电源的设计

单片机选择与 DDS 芯片一致的 5V 工作电压。因电源功率较小,所以采用了三端稳压集成电路作为主稳压芯片。图 2-7 为整流、滤波、稳压、输出电路。其中,降压变压器的输出为交流 9V 左右,稳压集成块采用 LM7805,可以稳定输出 5V 电压,电源滤波部分采用电解电容和高频瓷片电容。

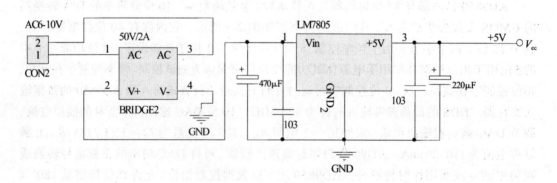

图 2-7   稳压电源电路原理图

第 3 章

软件设计

3.1 AD9850 控制程序设计

3.1.1 AD9850 的控制字写入程序

AD9850 包含一个 40 位输入寄存器,其中 32 位(四个字节)用于频率控制,8 位(一个字节)用于功能设定。频率控制字在低位,功能控制字在高位。8 位功能控制字节中的 5 位用于相位控制,1 位用于电源休眠功能,2 位厂家保留为测试控制。表 3-1 为 AD9850 内控制字节位功能说明。这 40 位控制位可通过并行方式或串行方式写入到 AD9850 的数据输入寄存器。图 3-1 为并行或串行方式下 AD9850 的控制字的装入时序图。

表 3-1 AD9850 内控制字节位功能说明

控制字节	B.7	B.6	B.5	B.4	B.3	B.2	B.1	B.0
W0 (低)	频率位 D7	频率位 D6	频率位 D5	频率位 D4	频率位 D3	频率位 D2	频率位 D1	频率位 D0
W1	频率位 D15	频率位 D14	频率位 D13	频率位 D12	频率位 D11	频率位 D10	频率位 D9	频率位 D8
W2	频率位 D23	频率位 D22	频率位 D21	频率位 D20	频率位 D19	频率位 D18	频率位 D17	频率位 D16
W3	频率位 D31	频率位 D30	频率位 D29	频率位 D28	频率位 D27	频率位 D26	频率位 D25	频率位 D24
W4 (高)	相位位 4 D39	相位位 3 D38	相位位 2 D37	相位位 1 D36	相位位 0 D35	电源休眠位 D34	测试位 D33	测试位 D32

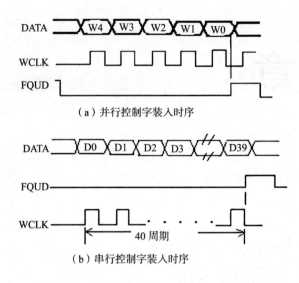

（a）并行控制字装入时序

（b）串行控制字装入时序

图 3-1 并行、串行控制字装入时序

在并行装入模式下，WCLK 第一个时钟上升沿到来时，先装入最高的一个功能控制字节，接着分别装入四个频率字节的高字节到最低字节，这样在连续 5 个 WCLK 时钟后可将五个控制字节装入 AD9850 输入寄存器。在第 5 个 WCLK 时钟后，WCLK 时钟将不再起作用，最后用 FQUD 时钟上升沿来启动新的频率输出。FQUD 时钟上升沿将 AD9850 内的 40 位控制字节从数据寄存器输出至频率相位控制寄存器，AD9850 马上输出新的频率波。

在串行装入模式下，每一个 WCLK 时钟上升沿，由控制位输入口（第 25 管脚）移入 1 位数据位，数据的装入次序为频率最低位开始，到频率的最高位（共 32 位四个字节），然后是功能字节的最低位到最高位（共 8 位一个字节）。在 40 个 WCLK 时钟后，发一个 FQUD 脉冲的上升沿更新输出频率。需要注意的是两位测试位必须是 00。

3.1.2 AD9850 的频率算法程序

AD9850 输出的频率值计算公式为：$F_{\text{OUT}} = (\triangle F_{\text{CONB}} \times f_s) \div 2^{32}$ 其中，F_{OUT} 为输出频率值，$\triangle F_{\text{CONB}}$ 为频率控制字值，f_s 为晶振频率（标准参考时钟的频率）。当晶振频率 50 MHz 时，输出正弦波频率时的分辨率可达 0.01164 Hz，为便于编程时的设计算法，其控制字转换为频率显示值的公式按式（3-1）计算，频率显示值转换为控制字的公式按式（3-2）计算。

$$F_{\text{OUT}} = (\triangle F_{\text{CONB}} \times 1164)\,/100000 \qquad\qquad (3\text{-}1)$$

$$\triangle F_{\text{CONB}} = (F_{\text{OUT}} \times 100000)\,/1164 \qquad\qquad (3\text{-}2)$$

　　控制字转换为频率显示值和频率显示值转换为控制字的流程图如图 3-2 和图 3-3 所示。

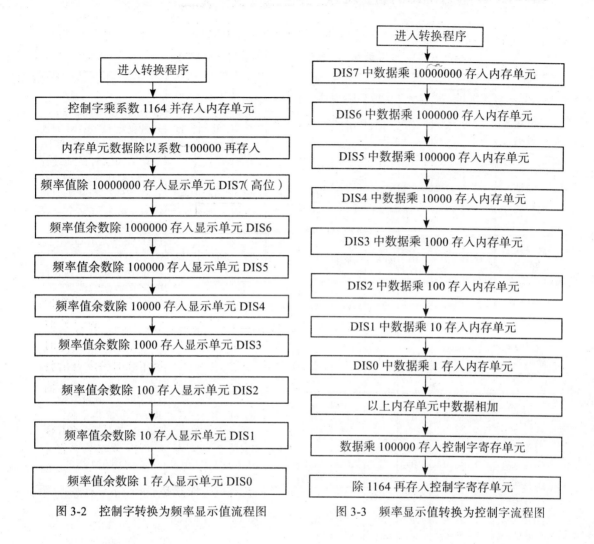

图 3-2　控制字转换为频率显示值流程图　　　　　图 3-3　频率显示值转换为控制字流程图

3.1.3　AD9850 频率控制方式程序

　　为了增加频率控制方式的多样性，以满足不同情况下的应用要求，为此设计了频率控制的三种方式，即点频、扫频、跳频。程序默认方式为跳频，通过按键来改变当前的频率值，且频率值为连续可调的。在点频方式下，可以从按键直接输入一个固定的频率值。在扫频方式下，可以设置扫频的初始值、终值、扫频间隔、扫频增量。

3.2　LCD 显示器的程序设计

12232F 液晶模块控制芯片提供两套控制命令,其基本指令和扩充指令如表 3-2 和表 3-3 所示。

表 3-2　基本指令（RE=0：）

指令	指令码										功能
	RS	R/W	D7	D6	D5	D4	D3	D2	D1	D0	
清除显示	0	0	0	0	0	0	0	0	0	1	将 DDRAM 填满 "20H",并且设定 DDRAM 的地址计数器 (AC) 到 "00H"
地址归位	0	0	0	0	0	0	0	0	1	X	设定 DDRAM 的地址计数器 (AC) 到 "00H",并且将游标移到开头原点位置；这个指令不改变 DDRAM 的内容
显示状态开 / 关	0	0	0	0	0	0	1	D	C	B	D=1: 整体显示 ON C=1: 游标 ON B=1: 游标位置反白允许
进入点设定	0	0	0	0	0	0	0	1	I/D	S	指定在数据的读取与写入时,设定游标的移动方向及指定显示的移位
游标或显示移位控制	0	0	0	0	0	1	S/C	R/L	X	X	设定游标的移动与显示的移位控制位；这个指令不改变 DDRAM 的内容
功能设定	0	0	0	0	1	DL	X	RE	X	X	DL=0/1：4/8 位数据 RE=1: 扩充指令操作 RE=0: 基本指令操作
设定 CGRAM 地址	0	0	0	1	AC5	AC4	AC3	AC2	AC1	AC0	设定 CGRAM 地址
设定 DDRAM 地址	0	0	1	0	AC5	AC4	AC3	AC2	AC1	AC0	设定 DDRAM 地址（显示位址） 第一行：80H~87H 第二行：90H~97H
读取忙标志和地址	0	1	BF	AC6	AC5	AC4	AC3	AC2	AC1	AC0	读取忙标志 (BF) 可以确认内部动作是否完成,同时可以读出地址计数器 (AC) 的值
写数据到 RAM	1	0	数据								将数据 D7~D0 写入到内部的 RAM (DDRAM/CGRAM/IRAM/GRAM)
读出 RAM 的值	1	1	数据								从内部 RAM 读取数据 D7~D0 (DDRAM/CGRAM/IRAM/GRAM)

表3-3 扩充指令（RE=1：）

指令	指令码										功能
	RS	R/W	D7	D6	D5	D4	D3	D2	D1	D0	
待命模式	0	0	0	0	0	0	0	0	0	1	进入待命模式,执行其他指令都可终止待命模式
卷动地址开关开启	0	0	0	0	0	0	0	0	1	SR	SR=1：允许输入垂直卷动地址 SR=0：允许输入 IRAM 和 CGRAM 地址
反白选择	0	0	0	0	0	0	0	1	R1	R0	选择2行中的任一行作反白显示,并可决定反白与否。初始值 R1R0 = 00,第一次设定为反白显示,再次设定变回正常
睡眠模式	0	0	0	0	0	0	1	SL	X	X	SL=0：进入睡眠模式 SL=1：脱离睡眠模式
扩充功能设定	0	0	0	0	1	CL	X	RE	G	0	CL=0/1：4/8 位数据 RE=1：扩充指令操作 RE=0：基本指令操作 G=1/0：绘图开关
设定绘图 RAM 地址	0	0	1	0 AC6	0 AC5	0 AC4	AC3 AC3	AC2 AC2	AC1 AC1	AC0 AC0	设定绘图 RAM 先设定垂直(列)地址 AC6AC5…AC0 再设定水平(行)地址 AC3AC2AC1AC0 将以上 16 位地址连续写入即可

在液晶模块接受指令前,微处理器必须先确认其内部处于非忙碌状态,即读取 BF 标志时,BF 需为零,方可接受新的指令。如果在送出一个指令前并不检查 BF 标志,那么在前一个指令和这个指令中间必须延长一段较长的时间,即需等待前一个指令确实执行完成后再输入。

液晶模块的通信方式设计时选用串口通信,读写时序图如图 3-4 所示,其中 CS 是模组片选端,高电平有效,SID 是串行数据输入端,CLK 是串行同步时钟,上升沿到来时读取 SID 数据。

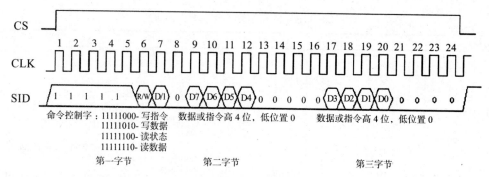

图 3-4　液晶串行读写时序图

液晶在写入数据操作时，必须先对液晶进行初始化，初始化流程图如图 3-5 所示。

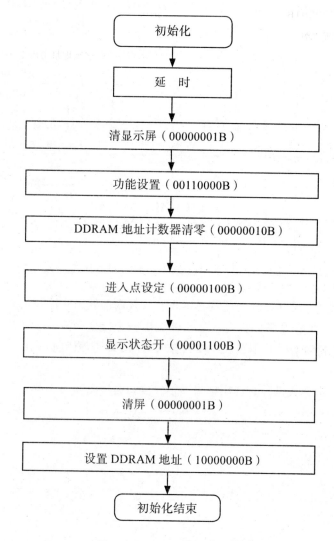

图 3-5　12232F 初始化流程图

初始化汇编程序如下：

```
SETUP:MOV A,#01H              ;发送清除显示命令
LCALL WRITECOM
MOV A,#00110000B              ;功能设定
LCALL WRITECOM
MOV A,#00000010B              ;发送位址归位命令，设定 DDRAM 位址计数器为 0
LCALL WRITECOM
MOV A,#00000100B              ;发送进入点命令
LCALL WRITECOM
MOV A,#00001000B              ;开显示
LCALL WRITECOM
MOV A,#00000001B              ;清屏
LCALL WRITECOM
MOV A,#10000000B              ;发送设定 DDRAM 地址 0x00 命令
LCALL WRITECOM
RET
```

3.3 按键程序设计

按键程序部分是通过四个按键来完成相应功能的，其中包括一个功能键 / 确认键、一个修改 / 返回键、一个加键、一个减键。通过功能键 / 确认键进入功能菜单，通过修改 / 返回键来对刚才设置的内容进行修改或者返回到上一级菜单中，通过加键和减键分别在设置频率时连续相加和连续相减或者对子功能进行移位选择，以方便实现各种功能的调用。

3.4 主程序设计

主程序流程如图 3-6 所示。在启动电源后，对单片机和液晶进行初始化设定，进入默认的跳频工作模式，按动频率加减键即可调整输出的频率。当按下功能菜单键时，进入点频、跳频、扫频、调相工作模式设定。

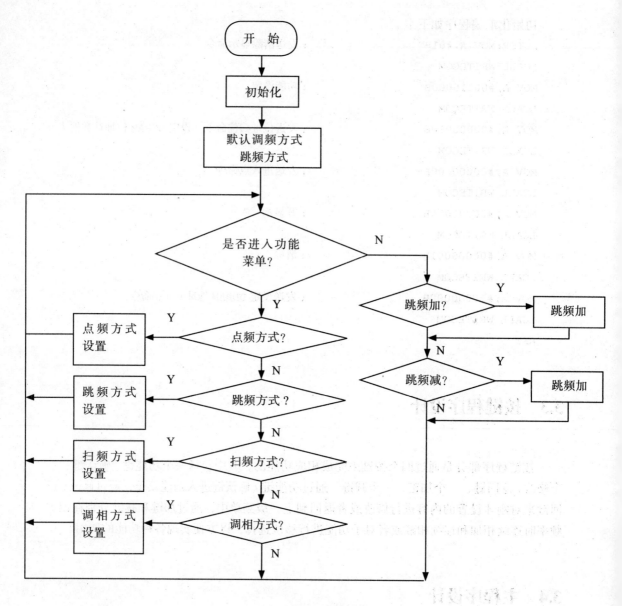

图 3-6   主程序流程图

第 4 章

系统调试及分析

  系统调试分为硬件调试和软件调试。在硬件调试中,重点检查线路板的焊接是否正确、连线是否对,各模块之间的数据线是否导通,有无断路或短路现象。软件调试采用从小模块程序到主程序集成的方法。先分别对一些小模块程序进行调试,这样如果出现问题,更容易找出问题出现在哪个位置。本控制程序采用单片机汇编语言编写,其中烧写程序采用与 PC 机在线烧写的方式,这种方式更方便、快捷。软件调试主要要解决的问题是:按键功能是否正确、显示模块是否显示正常、输出波形频率与显示屏上的频率是否一致、输出频率是否可调、各种调频方式的转换是否正常、输出波形的幅度大小及失真度情况等。

  调试中输出的波形幅度不大,但输出波形频率范围很理想。图 4-1 为调试时测得波形图。

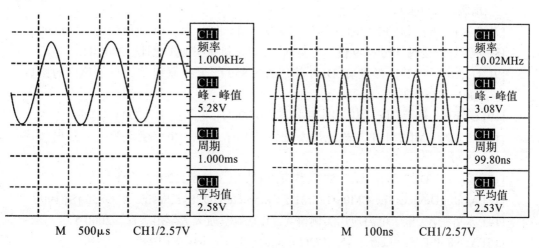

图 4-1　AD9850 输出波形图

参考文献

[1] 楼然苗，李光飞 .51 系列单片机设计实例 . 北京：北京航空航天大学出版社，2003.03.

[2] 李光飞，楼然苗 . 单片机课程设计实例指导 . 北京：北京航空航天大学出版社，2004.09.

[3] 楼然苗,李光飞 .51 系列单片机设计实例第二版 . 北京：北京航空航天大学出版社，2005.09.

[4] 李光飞，李良儿，楼然苗 . 单片机 C 程序设计实例指导 . 北京：北京航空航天大学出版社，2005.09.

[5] 杨永竹，液晶显示模块图像的编辑以及点阵数据的提取，2003(8) : 48- 50.

[6] 李光飞，楼然苗，胡佳文 . 单片机课程设计实例指导 . 北京：北京航空航天大学出版社 .2004.9.

[7] 余永权 . 89 系列 FLASH 单片机原理及应用 . 北京：电子工业出版社，2000.09.

[8] 孙燕，刘爱民 .Protel99 设计与实例 . 北京：机械工业出版社，2000.11.

[9] 石雄，杨加功，彭世蕤 .DDS 芯片 AD9850 的工作原理及其与单片机的接口，2001，1(5):53-56.

[10] 丁守成 . 基于 DDS 的信号发生器，2007.06[J]. 电子技术，2004，(3).

[11] 何立民 . MCS51 单片机应用系统设计 [M]. 北京：北京航空航天大学出版社，1990.

[12] 潘炳松 · DDS 芯片 AD9850 及其应用 [J]. 电子技术，2002，(4).

[13] AnalogDevices Inc.CM0S 125MHz Complete DDSSynthesizerAD9850 [S].1996.

[14] 苏文平著 . 电子电路应用实例精选 . 北京航空航天大学出版社，2000.5.

[15] AD9850 Data Skeet，ANALOG Integrated Products [S].1998.

附录 1: 单片机控制源程序清单

```
;**************************************************;
;        基于 DDS 技术的数控信号发生器控制程序            ;
;        正弦波 1Hz-10MHz                          ;
;        单片机 STC12C5410AD                        ;
;        AD9850   50MHz 晶振                        ;
;        日期：2008.5.30                            ;
;**************************************************


;**************************************************
;                    端口定义                         ;
;**************************************************
        SCLK    BIT     P3.2    ;液晶串行操作时钟口
        SID     BIT     P3.3    ;数据输入口
        CS      BIT     P3.4    ;液晶使能    0 禁
        LB      BIT     P3.5    ;背光灯      0 亮


        KW1     BIT     P1.2    ;功能、确认键
        KW2     BIT     P1.1    ;修改、返回键
        KW3     BIT     P1.0    ;加键
        KW4     BIT     P3.7    ;减键


        LED1    BIT     P1.7    ;跳频
        LED2    BIT     P1.6    ;扫频
        LED3    BIT     P3.0    ;点频
        LED4    BIT     P3.1    ;相移
```

```
        DATAS    BIT    P1.3  ;AD9850 数据口
        FQ_UD    BIT    P1.5  ;AD9850 使能
        W_CLK    BIT    P1.4  ;AD9850 移位时钟


;*********************************************
;                  内存定义                         ;
;*********************************************
        L0    DATA    21H    ;算法数据缓冲单元
        L1    DATA    22H;
        L2    DATA    23H;
        L3    DATA    24H;
        L4    DATA    25H;
        L5    DATA    26H;
        L6    DATA    27H;
        L7    DATA    28H;


        SSDIS DATA    39H    ;闪烁暂存单元
        DIS7  DATA    37H    ;频率显示单元
        DIS6  DATA    36H    ;DIS7-DIS0
        DIS5  DATA    35H    ;高 - 低
        DIS4  DATA    34H;
        DIS3  DATA    33H;
        DIS2  DATA    32H;
        DIS1  DATA    31H;
        DIS0  DATA    30H;


        PHASE DATA    3CH    ;相移控制字


        CON3  DATA    3BH    ;频率控制字
        CON2  DATA    3AH    ;CON3-CON0
        CON1  DATA    39H    ;高 - 低
        CON0  DATA    38H    ;


        IT03  DATA    3DH    ;0.3s 定时中断


        GNCDT DATA    3EH    ;功能菜单标志
        MSXZT DATA    3FH    ;模式选择标志
```

```
FSXZT   DATA    40H    ; 方式选择标志
XWZLT   DATA    41H    ; 相位增量标志
PLSZT   DATA    42H    ; 频率设置标志


JDIS5   DATA    4FH    ; 扫频
JDIS4   DATA    4EH    ; 间隔
JDIS3   DATA    4DH    ; 存储
JDIS2   DATA    4CH    ; 单元
JDIS1   DATA    4BH;
JDIS0   DATA    4AH;


LCON3   DATA    53H    ; 扫频
LCON2   DATA    52H    ; 频率终值
LCON1   DATA    51H;
LCON0   DATA    50H;


ZCON3   DATA    57H    ; 扫频
ZCON2   DATA    56H    ; 频率增量
ZCON1   DATA    55H;
ZCON0   DATA    54H;


FCON3   DATA    5BH    ; 扫频
FCON2   DATA    5AH    ; 频率初值
FCON1   DATA    59H;
FCON0   DATA    58H;


RCON3   DATA    5FH    ; 频率
RCON2   DATA    5EH    ; 控制字
RCON1   DATA    5DH    ; 暂存单元
RCON0   DATA    5CH;


PHCON1  DATA    44H    ; 相位增量
PHCON0  DATA    43H;


PHDIS4  DATA    49H    ; 相位显示单元
PHDIS3  DATA    48H;
PHDIS2  DATA    47H;
```

```
            PHDIS1    DATA    46H;
            PHDIS0    DATA    45H;

            ZHLIANG0  DATA    60H
            ZHLIANG1  DATA    61H
            ZHLIANG2  DATA    62H
            ZHLIANG3  DATA    63H
;*********************************************************
;                    中断及入口程序                        ;
;*********************************************************
            ORG     0000H
            LJMP    START
            ORG     0003H
            RETI
            ORG     000BH
            LJMP    INTT0
            ORG     0013H
            RETI
            ORG     001BH
            RETI
            ORG     0023H
            RETI
            ORG     002BH
            RETI
;*********************************************************
;                    主程序入口                            ;
;*********************************************************
START:
            MOV     R1,#20H
            MOV     R7,#60H
            CLR     A
CLEAR:      MOV     @R1,A
            INC     R1
            DJNZ    R7,CLEAR
            MOV     P0,#0FFH
            MOV     P1,#0FFH
            MOV     P2,#0FFH
```

```
            MOV       P3,#0FFH
            CLR       CS
            MOV       IT03,#06H
            MOV       6FH,#0AH
            LCALL     SETUP           ;LCD 初始化
            LCALL     BEGINLCD        ; 开机界面

            CLR       W_CLK           ;AD9850 初始化
            CLR       FQ_UD           ;
            LCALL     SETUP_AD9850    ;

            MOV       CON0,#96H       ; 默认频率值
            MOV       CON1,#4FH       ;125MHZ,1000HZ,863CH
            MOV       CON2,#01H       ;50MHZ,1000HZ,014F96H
            MOV       CON3,#00H       ;

            MOV       TMOD,#01H       ; 计数器 0  方式 1
            MOV       TL0,#0B0H       ;50ms
            MOV       TH0,#3CH        ; 定时

ADDPLAY:    LCALL     SEND9850        ; 写入 AD9850
            LCALL     CON_DIS         ; 控制字转频率字
            LCALL     DISPLCD         ; 频率显示
            LCALL     DELAY10ms
            SETB      LB

MAIN:

            CLR       LED1
            JNB       KW1,GNCD0
            JNB       KW3,CSDPADD0
            JNB       KW4,CSDPSUBB0
            LJMP      MAIN

GNCD0:      LJMP      GNCD
CSDPADD0:   LCALL     CSDPADD
            LJMP      MAIN
```

```
CSDPSUBB0:   LCALL    CSDPSUBB
             LJMP     MAIN


;**********************************************
;             AD9850 控制程序               ;
;**********************************************
; 初始化 DDS
SETUP_AD9850:CLR      W_CLK
             CLR      FQ_UD
             SETB     W_CLK
             CLR      W_CLK
             SETB     FQ_UD
             CLR      FQ_UD
             RET


; 发送数据到 AD9850
SEND9850:    CLR      FQ_UD
             MOV      A,CON0
             LCALL    SEND_8DATA
             MOV      A,CON1
             LCALL    SEND_8DATA
             MOV      A,CON2
             LCALL    SEND_8DATA
             MOV      A,CON3
             LCALL    SEND_8DATA
             MOV      A,#000B
             LCALL    SEND_8DATA
             SETB     FQ_UD
             CLR      FQ_UD
             RET


; 发送数据到 AD9850（相移）
SEND9850PH:  CLR      FQ_UD
             MOV      A,CON0
             LCALL    SEND_8DATA
             MOV      A,CON1
             LCALL    SEND_8DATA
```

```
                MOV      A,CON2
                LCALL    SEND_8DATA
                MOV      A,CON3
                LCALL    SEND_8DATA

                MOV      A,PHASE
                RLC      A
                RLC      A
                RLC      A
                ANL      A,#0F8H
                LCALL    SEND_8DATA
                SETB     FQ_UD
                CLR      FQ_UD
                RET


SEND_8DATA:
                MOV      C,ACC.0
                MOV      DATAS,C
                SETB     W_CLK
                CLR      W_CLK
                MOV      C,ACC.1
                MOV      DATAS,C
                SETB     W_CLK
                CLR      W_CLK
                MOV      C,ACC.2
                MOV      DATAS,C
                SETB     W_CLK
                CLR      W_CLK
                MOV      C,ACC.3
                MOV      DATAS,C
                SETB     W_CLK
                CLR      W_CLK
                MOV      C,ACC.4
                MOV      DATAS,C
                SETB     W_CLK
                CLR      W_CLK
                MOV      C,ACC.5
```

```
            MOV     DATAS,C
            SETB    W_CLK
            CLR     W_CLK
            MOV     C,ACC.6
            MOV     DATAS,C
            SETB    W_CLK
            CLR     W_CLK
            MOV     C,ACC.7
            MOV     DATAS,C
            SETB    W_CLK
            CLR     W_CLK
            RET
;*********************************************
;                液晶显示程序                  ;
;*********************************************
;开机界面
BEGINLCD:   CLR     LB
            MOV     A,#80H
            LCALL   WRITE_COM
            MOV     DPTR,#CHINESE1
            LCALL   WRITE_HZ7
            MOV     A,#90H
            LCALL   WRITE_COM
            MOV     DPTR,#CHINESE2
            LCALL   WRITE_HZ7
            LCALL   DELAY1s
            LCALL   DELAY1s
            LCALL   DELAY1s

            MOV     A,#80H
            LCALL   WRITE_COM
            MOV     DPTR,#CHINESE3
            LCALL   WRITE_HZ7
            MOV     A,#90H
            LCALL   WRITE_COM
            MOV     DPTR,#CHINESE4
            LCALL   WRITE_HZ7
```

```
          LCALL   DELAY1s
          LCALL   DELAY1s
          LCALL   DELAY1s

          MOV     A,#80H
          LCALL   WRITE_COM
          MOV     DPTR,#CHINESE4
          LCALL   WRITE_HZ7
          MOV     A,#90H
          LCALL   WRITE_COM
          MOV     DPTR,#CHINESE5
          LCALL   WRITE_HZ7
          LCALL   DELAY1s
          LCALL   DELAY1s
          LCALL   DELAY1s

SINF:     MOV     A,#80H
          LCALL   WRITE_COM
          MOV     DPTR,#CHINESE6
          LCALL   WRITE_HZ7
          SETB    LB
          RET
```

;频率值显示程序
```
DISPLCD:


          MOV     A,DIS7
          CJNE    A,#00H,DIS7PD
          MOV     DIS7,#0AH
          MOV     A,DIS6
          CJNE    A,#00H,DIS6PD
          MOV     DIS6,#0AH
          MOV     A,DIS5
          CJNE    A,#00H,DIS5PD
          MOV     DIS5,#0AH
          MOV     A,DIS4
```

```
              CJNE    A,#00H,DIS4PD
              MOV     DIS4,#0AH
              MOV     A,DIS3
              CJNE    A,#00H,DIS3PD
              MOV     DIS3,#0AH
              MOV     A,DIS2
              CJNE    A,#00H,DIS2PD
              MOV     DIS2,#0AH
              MOV     A,DIS1
              CJNE    A,#00H,DIS1PD
              MOV     DIS1,#0AH
              LJMP    DIS0PD


DIS7PD:       LJMP    LCD3
DIS6PD:       ;CJNE   A,#0AH,DIS7PD
              ;LJMP   LCD2
              LJMP    LCD3
DIS5PD:       LJMP    LCD2
DIS4PD:       LJMP    LCD2
DIS3PD:       ;CJNE   A,#0AH,LCD2
              ;LJMP   LCD1
              LJMP    LCD2
DIS2PD:       LJMP    LCD1
DIS1PD:       LJMP    LCD1
DIS0PD:       LJMP    LCD1


LCD1:
              MOV     70H,DIS7
              MOV     71H,DIS6
              MOV     72H,DIS5
              MOV     73H,DIS4
              MOV     74H,DIS3
              MOV     75H,#0AH
              MOV     76H,DIS2
              MOV     77H,DIS1
              MOV     78H,DIS0
```

```
                    MOV     A,GNCDT
                    CJNE    A,#06H,JGDWBXS1
                    LJMP    JGDWXS1
        JGDWBXS1:   MOV     A,#95H
                    LCALL   WRITE_COM
                    MOV     DPTR,#CHINESE7
                    LCALL   WRITE_HZ2
                    LJMP    DISPLAY
        JGDWXS1:    MOV     A,#95H
                    LCALL   WRITE_COM
                    MOV     DPTR,#CHINESE10
                    LCALL   WRITE_HZ2
                    LJMP    DISPLAY


        LCD2:       MOV     70H,DIS7
                    MOV     71H,DIS6
                    MOV     72H,DIS5
                    MOV     73H,DIS4
                    MOV     74H,DIS3
                    MOV     75H,#0BH
                    MOV     76H,DIS2
                    MOV     77H,DIS1
                    MOV     78H,DIS0


                    MOV     A,GNCDT
                    CJNE    A,#06H,JGDWBXS2
                    LJMP    JGDWXS2
        JGDWBXS2:
                    MOV     A,#95H
                    LCALL   WRITE_COM
                    MOV     DPTR,#CHINESE8
                    LCALL   WRITE_HZ2
                    LJMP    DISPLAY


        JGDWXS2:    MOV     A,#95H
                    LCALL   WRITE_COM
                    MOV     DPTR,#CHINESE11
```

```
                 LCALL   WRITE_HZ2
                 LJMP    DISPLAY


      LCD3:
                 MOV     70H,DIS7
                 MOV     71H,DIS6
                 MOV     72H,#0BH
                 MOV     73H,DIS5
                 MOV     74H,DIS4
                 MOV     75H,DIS3
                 MOV     76H,DIS2
                 MOV     77H,DIS1
                 MOV     78H,DIS0
                 MOV     A,#95H
                 LCALL   WRITE_COM
                 MOV     DPTR,#CHINESE9
                 LCALL   WRITE_HZ2
                 LJMP    DISPLAY


      DISPLAY:   MOV     A,#90H
                 LCALL   WRITE_COM
                 MOV     R1,#6FH
                 MOV     DPTR,#TABLE
                 MOV     R2,#0AH
                 MOV     A,#00H
      MOVCLOP:   MOV     A,@R1
                 MOVC    A,@A+DPTR
                 LCALL   WRITE_DAT
                 INC     R1
                 DJNZ    R2,MOVCLOP
                 LJMP    RESETDIS


      RESETDIS:  MOV     A,DIS7
                 CJNE    A,#0AH,RESETDIS1
                 MOV     DIS7,#00H
      RESETDIS1: MOV     A,DIS6
                 CJNE    A,#0AH,RESETDIS2
```

```
                    MOV      DIS6,#00H
RESETDIS2:          MOV      A,DIS5
                    CJNE     A,#0AH,RESETDIS3
                    MOV      DIS5,#00H
RESETDIS3:          MOV      A,DIS4
                    CJNE     A,#0AH,RESETDIS4
                    MOV      DIS4,#00H
RESETDIS4:          MOV      A,DIS3
                    CJNE     A,#0AH,RESETDIS5
                    MOV      DIS3,#00H
RESETDIS5:          MOV      A,DIS2
                    CJNE     A,#0AH,RESETDIS6 .
                    MOV      DIS2,#00H
RESETDIS6:          MOV      A,DIS1
                    CJNE     A,#0AH,RESETDIS7
                    MOV      DIS1,#00H
RESETDIS7:          RET


; 数字编码表
TABLE:     DB     30H,31H,32H,33H,34H,35H,36H,37H,38H,39H,20H,2EH,3AH,2CH;
                  ;0   1   2   3   4   5   6   7   8   9       .   :   ,


; 汉字编码表
CHINESE1:    DW     0B1CFH,0D2B5H,0C9E8H,0BCC6H,0B0A0H,03230H,03036H,
0B0A0H;毕业设计   2008
CHINESE2:    DW     0C0EEH,0D6C7H,0C4B1H,02043H,03032H,0B5E7H,0C6F8H,
0B0A0H;王烨  A04 电信
CHINESE3:    DW     0BBF9H,0D3DAH,02044H,04453H,0BCBCH,0CAF5H,0B5C4H,
0B0A0H;基于  DDS 技术的
CHINESE4:    DW     0CAFDH,0BFD8H,0D0C5H,0BAC5H,0B7A2H,0C9FAH,0C6F7H,
0B0A0H;数控信号发生器
CHINESE5:    DW     04144H,03938H,03530H,02031H,02D31H,0304DH,0485AH,
0B0A0H;AD9850 1-10MHZ
CHINESE6:    DW     0D5FDH,0CFD2H,0B2A8H,0B0A0H,0C6B5H,0C2CAH,0D6B5H,
0B0A0H;正弦波    频率值
CHINESE7:    DW     02020H,0485AH;   HZ
```

```
        CHINESE8:       DW      0204BH,0485AH; kHZ

        CHINESE9:       DW      0204DH,0485AH; MHZ


        CHINESE10:      DW      06D73H,0B0A0H;ms

        CHINESE11:      DW      02073H,0B0A0H; s

        CHINESE12:      DW      0C4A3H,0CABDH,0D1A1H,0D4F1H;模式选择

        CHINESE13:      DW      0B7BDH,0CABDH,0D1A1H,0D4F1H;方式选择

        CHINESE14:      DW      0C9E8H,0D6C3H;设置

        CHINESE15:      DW      0C6B5H,0C2CAH;频率

        CHINESE16:      DW      0CFE0H,0CEBBH;相位

        CHINESE17:      DW      0B5E3H,0C6B5H;点频

        CHINESE18:      DW      0C9A8H,0C6B5H;扫频

        CHINESE19:      DW      0CCF8H,0C6B5H;跳频


        CHINESE20:      DW      0D4F6H,0C1BFH;增量

        CHINESE21:      DW      0B7BDH,0CABDH;方式

        CHINESE22:      DW      0D5FDH,0D4DAH;正在

        CHINESE23:      DW      0BDE1H,0CAF8H;结束

        CHINESE24:      DW      0B7B5H,0BBD8H;返回

        CHINESE25:      DW      0C7EBH,0CAE4H,0C8EBH,0B0A0H;请输入

        CHINESE26:      DW      0A1E3H,0203AH;

        CHINESE27:      DW      0B3F5H,0D6B5H;初值

        CHINESE28:      DW      0BCE4H,0B8F4H;间隔

        CHINESE29:      DW      0D6D5H,0D6B5H;终值


        CHINESE30:      DW      0CFE0H,0D2C6H;相移

        CHINESE31:      DW      0B0A0H,0B0A0H,0B0A0H;

        CHINESE32:      DW      03A20H;:

        CHINESE34:      DW      03138H,03020H;180

        CHINESE35:      DW      03930H,02020H;90

        CHINESE36:      DW      03435H,02020H;45

        CHINESE37:      DW      03232H,02E35H;22.5

        CHINESE38:      DW      02031H,0312EH,03235H; 11.25

        CHINESE40:      DW      02E2EH,02E2EH,02E2EH;......
```

```
;**********************************************
;                液晶控制程序                    ;
;**********************************************
;液晶初始化
SETUP:          MOV     A,#01H
                LCALL   WRITE_COM
                MOV     A,#00110000B
                LCALL   WRITE_COM
                MOV     A,#00000010B
                LCALL   WRITE_COM
                MOV     A,#00000100B
                LCALL   WRITE_COM
                MOV     A,#00001100B
                LCALL   WRITE_COM
                MOV     A,#00000001B
            LCALL   WRITE_COM
                MOV     A,#10000000B
                LCALL   WRITE_COM
                LCALL   DELAY1s
                RET


;串行命令写入程序
WRITE_COM:      LCALL   DELAY1ms
                SETB    CS
                PUSH    ACC
                MOV     R0,#8
                MOV     A,#11111000B
COMM1:          CLR     C
                RLC     A
                MOV     SID,C
                CLR     SCLK
                SETB    SCLK
                DJNZ    R0,COMM1
                POP     ACC
                MOV     R5,A
                ANL     A,#0F0H
                MOV     R0,#8
```

```
COMM2:      CLR     C
            RLC     A
            MOV     SID,C
            CLR     SCLK
            SETB    SCLK
            DJNZ    R0,COMM2
            MOV     A,R5
            SWAP    A
            ANL     A,#0F0H
            MOV     R0,#8
COMM3:      CLR     C
            RLC     A
            MOV     SID,C
            CLR     SCLK
            SETB    SCLK
            DJNZ    R0,COMM3
            CLR     CS
            RET
```

; 串行数据写入程序

```
WRITE_DAT:  LCALL   DELAY1ms
            SETB    CS
            PUSH    ACC
            MOV     R0,#8
            MOV     A,#11111010B
DATA1:      CLR     C
            RLC     A
            MOV     SID,C
            CLR     SCLK
            SETB    SCLK
            DJNZ    R0,DATA1
            POP     ACC
            MOV     R5,A
            ANL     A,#0F0H
            MOV     R0,#8
DATA2:      CLR     C
            RLC     A
```

```
                MOV     SID,C
                CLR     SCLK
                SETB    SCLK
                DJNZ    R0,DATA2
                MOV     A,R5
                SWAP    A
                ANL     A,#0F0H
                MOV     R0,#8
DATA3:          CLR     C
                RLC     A
                MOV     SID,C
                CLR     SCLK
                SETB    SCLK
                DJNZ    R0,DATA3
                CLR     CS
                RET
```

;16*16 汉字写入程序
;7个

```
WRITE_HZ7:
                MOV     R4,#7
DD7:            CLR     A
                MOVC    A,@A+DPTR
                INC     DPTR
                LCALL   WRITE_DAT
                CLR     A
                MOVC    A,@A+DPTR
                INC     DPTR
                LCALL   WRITE_DAT
                DJNZ    R4,DD7
                RET
```

;4个

```
WRITE_HZ4:
                MOV     R4,#4
DD4:            CLR     A
                MOVC    A,@A+DPTR
```

```
            INC      DPTR
            LCALL    WRITE_DAT
            CLR      A
            MOVC     A,@A+DPTR
            INC      DPTR
            LCALL    WRITE_DAT
            DJNZ     R4,DD4
            RET
;3个
WRITE_HZ3:
            MOV      R4,#3
DD3:        CLR      A
            MOVC     A,@A+DPTR
            INC      DPTR
            LCALL    WRITE_DAT
            CLR      A
            MOVC     A,@A+DPTR
            INC      DPTR
            LCALL    WRITE_DAT
            DJNZ     R4,DD3
            RET
;2个
WRITE_HZ2:
            MOV      R4,#2
DD2:        CLR      A
            MOVC     A,@A+DPTR
            INC      DPTR
            LCALL    WRITE_DAT
            CLR      A
            MOVC     A,@A+DPTR
            INC      DPTR
            LCALL    WRITE_DAT
            DJNZ     R4,DD2
            RET
;1个
WRITE_HZ1:
            MOV      R4,#1
```

```
DD1:        CLR     A
            MOVC    A,@A+DPTR
            INC     DPTR
            LCALL   WRITE_DAT
            CLR     A
            MOVC    A,@A+DPTR
            INC     DPTR
            LCALL   WRITE_DAT
            DJNZ    R4,DD1
            RET


;************************************************
;                   延时程序                    ;
;************************************************
;1ms     1,002us
DELAY1ms:   MOV     R7,#5BH
D1ms:       MOV     R6,#04H
            DJNZ    R6,$
            DJNZ    R7,D1ms
            RET


;10ms     10,019us
DELAY10ms:  MOV     R7,#0E9H
D10ms:      MOV     R6,#14H
            DJNZ    R6,$
            DJNZ    R7,D10ms
            RET


;100ms     100,231us
DELAY100ms: MOV     R5,#0AH
D100ms:     LCALL   DELAY10ms
            DJNZ    R5,D100ms
            RET


;1s     1,002,101us
DELAY1s:    MOV     R5,#64H
D1s:        LCALL   DELAY10ms
```

```
                    DJNZ    R5,D1s
                    RET


;10s        10,023,301us
DELAY10s:   MOV     R4,#64H
D10s:       LCALL   DELAY100ms
            DJNZ    R4,D10s
            RET


;100s       100,210,301us
DELAY100s:  MOV     R4,#64H
D100s:      LCALL   DELAY1s
            DJNZ    R4,D100s
            RET



ZHLIANGPD:
            LCALL   CON_DIS
            MOV     A,DIS7
            CJNE    A,#00H,DIS7PDADD
            MOV     A,DIS6
            CJNE    A,#02H,DIS6PDADD61
DIS6PDADD61: JC     DIS6PDADD62
            LJMP    DIS6PDADD
DIS6PDADD62: MOV    A,DIS5
            CJNE    A,#00H,DIS5PDADD
            MOV     A,DIS4
            CJNE    A,#00H,DIS4PDADD
            CLR     C
            MOV     A,DIS3
            CJNE    A,#02H,DIS3PDADD31
DIS3PDADD31: JC     DIS3PDADD32
            LJMP    DIS3PDADD
DIS3PDADD32: MOV    A,DIS2
            CJNE    A,#00H,DIS2PDADD
            MOV     A,DIS1
```

```
                CJNE    A,#00H,DIS1PDADD
                LJMP    DIS0PDADD


DIS7PDADD:      LJMP    LCD3ADD

DIS6PDADD:      LJMP    LCD3ADD

DIS5PDADD:      LJMP    LCD2ADD

DIS4PDADD:      LJMP    LCD2ADD

DIS3PDADD:      LJMP    LCD2ADD

DIS2PDADD:      LJMP    LCD1ADD

DIS1PDADD:      LJMP    LCD1ADD

DIS0PDADD:      LJMP    LCD1ADD

LCD3ADD:        MOV     ZHLIANG0,#7CH    ;1,000,000
                MOV     ZHLIANG1,#0E4H   ;
                MOV     ZHLIANG2,#1EH    ;
                MOV     ZHLIANG3,#05H    ;
                RET

LCD2ADD:        MOV     ZHLIANG0,#96H    ;1,000
                MOV     ZHLIANG1,#4FH    ;
                MOV     ZHLIANG2,#01H    ;
                MOV     ZHLIANG3,#00H    ;
                RET

LCD1ADD:        MOV     ZHLIANG0,#55H    ;1
                MOV     ZHLIANG1,#00H    ;
                MOV     ZHLIANG2,#00H    ;
                MOV     ZHLIANG3,#00H    ;
                RET
```

```
ZHLIANGPD2:

            LCALL    CON_DIS
            MOV      A,DIS7
            CJNE     A,#00H,LXDIS7PDADD
            MOV      A,DIS6
            CJNE     A,#02H,LXDIS6PDADD61
LXDIS6PDADD61:
            JC       LXDIS6PDADD62
            LJMP     LXDIS6PDADD
LXDIS6PDADD62:
            MOV      A,DIS5
            CJNE     A,#00H,LXDIS5PDADD
            MOV      A,DIS4
            CJNE     A,#00H,LXDIS4PDADD
            CLR      C
            MOV      A,DIS3
            CJNE     A,#09H,LXDIS3PDADD31
LXDIS3PDADD31:
            JC       LXDIS3PDADD32
            LJMP     LXDIS3PDADD
LXDIS3PDADD32:
            MOV      A,DIS2
            CJNE     A,#00H,LXDIS2PDADD
            MOV      A,DIS1
            CJNE     A,#00H,LXDIS1PDADD
            LJMP     LXDIS0PDADD


LXDIS7PDADD:      LJMP    LXLCD3ADD


LXDIS6PDADD:      LJMP    LXLCD3ADD


LXDIS5PDADD:      LJMP    LXLCD2ADD


LXDIS4PDADD:      LJMP    LXLCD2ADD


LXDIS3PDADD:      LJMP    LXLCD2ADD
```

```
LXDIS2PDADD:        LJMP    LXLCD1ADD

LXDIS1PDADD:        LJMP    LXLCD1ADD

LXDIS0PDADD:        LJMP    LXLCD1ADD

LXLCD3ADD:    MOV     ZHLIANG0,#7CH      ;1,000,000
              MOV     ZHLIANG1,#0E4H     ;
              MOV     ZHLIANG2,#1EH      ;
              MOV     ZHLIANG3,#05H      ;
              RET

LXLCD2ADD:    MOV     ZHLIANG0,#4BH      ;9,000    #0E2H
              MOV     ZHLIANG1,#0CCH     ;         #1BH
              MOV     ZHLIANG2,#0BH      ;         #0DH
              MOV     ZHLIANG3,#00H      ;         #00H
              RET

LXLCD1ADD:    MOV     ZHLIANG0,#5BH      ;10
              MOV     ZHLIANG1,#03H      ;
              MOV     ZHLIANG2,#00H      ;
              MOV     ZHLIANG3,#00H      ;
              RET


;**********************************************
;               频率控制程序                  ;
;**********************************************
CSDPADD:      LCALL   DELAY100ms
              LCALL   DELAY100ms
              LCALL   DELAY100ms
              CLR     LB
              MOV     A,CON3
              CLR     C
              ;CJNE   A,#2FH,CSDPADD1              ;晶振 125M  最大频率限制
FDDSmax=23.4MHZ    M=30000000H
              CJNE    A,#4FH,CSDPADD1              ;晶振 50M    最大频率限制
FDDSmax=15MHZ      M=50000000H
```

```
CSDPADD1:    JC      CSDPADD2
             MOV     CON0,#0FFH
             MOV     CON1,#0FFH
             MOV     CON2,#0FFH
             MOV     CON3,#4FH
             LCALL   SEND9850         ; 写入 AD9850
             LCALL   CON_DIS          ; 控制字转频率字
             LCALL   DISPLCD
             SETB    LB
             RET


CSDPADD2:    JNB     KW3,CSDPADDLX
             ;MOV    A,#22H                      ;125MHz      50MHz,55H
             LCALL   ZHLIANGPD
             MOV     A,ZHLIANG0
             CLR     C
             ADD     A,CON0
             MOV     CON0,A
             MOV     A,ZHLIANG1
             ADDC    A,CON1
             MOV     CON1,A
             MOV     A,ZHLIANG2
             ADDC    A,CON2
             MOV     CON2,A
             MOV     A,ZHLIANG3
             ADDC    A,CON3
             MOV     CON3,A
             LJMP    ADDPLAY11
CSDPADDLX:   MOV     A,CON3
             CLR     C
             CJNE    A,#4FH,CSDPADD11
CSDPADD11:   JC      CSDPADD22
             MOV     CON0,#0FFH
             MOV     CON1,#0FFH
             MOV     CON2,#0FFH
             MOV     CON3,#4FH
             LCALL   SEND9850         ; 写入 AD9850
```

```
              LCALL    CON_DIS          ;控制字转频率字
              LCALL    DISPLCD
              SETB     LB
              RET
CSDPADD22:
              LCALL    ZHLIANGPD2
              MOV      A,ZHLIANG0
              CLR      C
              ADD      A,CON0
              MOV      CON0,A
              MOV      A,ZHLIANG1
              ADDC     A,CON1
              MOV      CON1,A
              MOV      A,ZHLIANG2
              ADDC     A,CON2
              MOV      CON2,A
              MOV      A,ZHLIANG3
              ADDC     A,CON3
              MOV      CON3,A
              LCALL    SEND9850         ;写入 AD9850
              LCALL    CON_DIS          ;控制字转频率字
              LCALL    DISPLCD
              JNB      KW3,CSDPADDLX
              LCALL    DELAY1s
              SETB     LB
MAIN1:        RET


CSDPSUBB:     LCALL    DELAY100ms
              LCALL    DELAY100ms
              LCALL    DELAY100ms
              CLR      LB
              MOV      A,CON3
              CJNE     A,#00H,CSDPSUBB1
              MOV      A,CON2
              CJNE     A,#00H,CSDPSUBB1
              MOV      A,CON1
              CJNE     A,#00H,CSDPSUBB1
```

```
                MOV     A,CON0
                CLR     C
                ;CJNE   A,#22H,CSDPSUBB2          ;50MHz,55H
                CJNE    A,#55H,CSDPSUBB2
                LJMP    MAIN11                        ;CSDPSUBB1
CSDPSUBB2:      JC      MAIN11
CSDPSUBB1:      JNB     KW4,CSDPSUBBLX
                LCALL   ZHLIANGPD
                MOV     A,CON0
                CLR     C
                SUBB    A,ZHLIANG0
                MOV     CON0,A
                MOV     A,CON1
                SUBB    A,ZHLIANG1
                MOV     CON1,A
                MOV     A,CON2
                SUBB    A,ZHLIANG2
                MOV     CON2,A
                MOV     A,CON3
                SUBB    A,ZHLIANG3
                MOV     CON3,A
                LJMP    ADDPLAY11
CSDPSUBBLX:     MOV     A,CON3
                CJNE    A,#00H,CSDPSUBB3
                MOV     A,CON2
                CJNE    A,#00H,CSDPSUBB3
                MOV     A,CON1
                CJNE    A,#00H,CSDPSUBB3
                MOV     A,CON1
                CLR     C
                CJNE    A,ZHLIANG1,CSDPSUBB44
                LJMP    CSDPSUBB33
CSDPSUBB44:     JC      MAIN11
                LJMP    CSDPSUBB3
CSDPSUBB33:     MOV     A,CON0
                CLR     C
                CJNE    A,ZHLIANG0,CSDPSUBB4
```

```
                LJMP      CSDPSUBB3


MAIN11:         MOV       CON0,#55H
                MOV       CON1,#00H
                MOV       CON2,#00H
                MOV       CON3,#00H
                LCALL     SEND9850        ; 写入 AD9850
                LCALL     CON_DIS         ; 控制字转频率字
                LCALL     DISPLCD
                SETB      LB
                LJMP      MAIN1


CSDPSUBB4:      JC        MAIN11
CSDPSUBB3:

                LCALL     ZHLIANGPD2
                MOV       A,CON0
                CLR       C
                SUBB      A,ZHLIANG0
                MOV       CON0,A
                MOV       A,CON1
                SUBB      A,ZHLIANG1
                MOV       CON1,A
                MOV       A,CON2
                SUBB      A,ZHLIANG2
                MOV       CON2,A
                MOV       A,CON3
                SUBB      A,ZHLIANG3
                MOV       CON3,A
                LCALL     SEND9850        ; 写入 AD9850
                LCALL     CON_DIS         ; 控制字转频率字
                LCALL     DISPLCD
                JNB       KW4,CSDPSUBBLX
                LCALL     DELAY1s
                SETB      LB
                RET
ADDPLAY11:      LCALL     SEND9850
                LCALL     CON_DIS
```

```
                LCALL    DISPLCD
                LCALL    DELAY1s
                SETB     LB
                RET


; 功能菜单
GNCDRET:        JNB      KW2,GNCDRET
                CLR      LED1
                CLR      EA
                CLR      ET0
                CLR      TR0
                LCALL    SINF
                LJMP     ADDPLAY


GNCD:           JNB      KW1,GNCD
GNCD1:          LCALL    SETUP
                SETB     LED1
                CLR      LB
                MOV      A,#80H
                LCALL    WRITE_COM
                MOV      DPTR,#CHINESE12
                LCALL    WRITE_HZ4
                MOV      A,#84H
                LCALL    WRITE_COM
                MOV      DPTR,#CHINESE31
                LCALL    WRITE_HZ1
                MOV      A,#85H
                LCALL    WRITE_COM
                MOV      DPTR,#CHINESE14
                LCALL    WRITE_HZ2
                SETB     EA
                SETB     ET0
                SETB     TR0

                MOV      MSXZT,#01H
GNCD2:          MOV      GNCDT,#01H
```

```
              JNB      KW1,PFXZ
              JNB      KW3,MSRR1
              JNB      KW4,MSRL
              JNB      KW2,GNCDRET
              LJMP     GNCD2
    MSRR1:    JNB      KW3,MSRR1
              LJMP     MSRR
    MSRL:     JNB      KW4,MSRL
              LJMP     MSRR
    MSRR:     MOV      A,MSXZT
              CJNE     A,#01H,MSRR11
              MOV      MSXZT,#02H
              LJMP     GNCD2
    MSRR11:   MOV      MSXZT,#01H
              LJMP     GNCD2
    PFXZ:
              JNB      KW1,PFXZ
              MOV      A,MSXZT
              CJNE     A,#01H,PZLXZ11
              LJMP     FFSXZ
    PZLXZ11:  LJMP     PZLXZ


    FSXZRET:  JNB      KW2,FSXZRET
              CLR      EA
              LCALL    SETUP
              LJMP     GNCD1
    FFSXZ:
              SETB     LED2
              SETB     LED3
              CLR      LB
              CLR      EA
              LCALL    SETUP
              MOV      GNCDT,#02H
              MOV      FSXZT,#01H
              SETB     EA
              SETB     TR0
              SETB     ET0
```

```
FFSXZ1:      MOV      GNCDT,#02H


             JNB      KW1,DSTPXZ
             JNB      KW3,FSRR
             JNB      KW4,FSRL
             JNB      KW2,FSXZRET
             LJMP     FFSXZ1


FSRR:        JNB      KW3,FSRR
             MOV      A,FSXZT
             CJNE     A,#01H,FSRR1
             MOV      FSXZT,#02H
             LJMP     FFSXZ1
FSRR1:
             CJNE     A,#02H,FSRR2
             MOV      FSXZT,#03H
             LJMP     FFSXZ1
FSRR2:       MOV      FSXZT,#01H
             LJMP     FFSXZ1


FSRL:        JNB      KW4,FSRL
             MOV      A,FSXZT
             CJNE     A,#01H,FSRL1
             MOV      FSXZT,#03H
             LJMP     FFSXZ1
FSRL1:
             CJNE     A,#02H,FSRL2
             MOV      FSXZT,#01H
             LJMP     FFSXZ1
FSRL2:       MOV      FSXZT,#02H
             LJMP     FFSXZ1


DSTPXZ:      JNB      KW1,DSTPXZ
             CLR      EA
             LCALL    SETUP
             SETB     EA
             MOV      A,FSXZT
```

```
                CJNE    A,#01H,DSTPXZ1
                LJMP    DPSZ
DSTPXZ1:        CJNE    A,#02H,DSTPXZ2
                LJMP    SPSZ
DSTPXZ2:        LJMP    TPSZ


DPSZ:

                CLR     EA
                CLR     TR0
                CLR     ET0
                MOV     A,#82H
                LCALL   WRITE_COM
                MOV     DPTR,#CHINESE15
                LCALL   WRITE_HZ2
                MOV     A,#84H
                LCALL   WRITE_COM
                MOV     DPTR,#CHINESE14
                LCALL   WRITE_HZ2
                MOV     A,#90H
                LCALL   WRITE_COM
                MOV     DPTR,#CHINESE17
                LCALL   WRITE_HZ2
                MOV     A,#92H
                LCALL   WRITE_COM
                MOV     DPTR,#CHINESE21
                LCALL   WRITE_HZ2
                MOV     A,#94H
                LCALL   WRITE_COM
                MOV     DPTR,#CHINESE40
                LCALL   WRITE_HZ3
                LCALL   DELAY1s
                LCALL   DELAY1s
                LCALL   SETUP
                MOV     A,#80H
                LCALL   WRITE_COM
                MOV     DPTR,#CHINESE22
```

```
          LCALL    WRITE_HZ2
          MOV      A,#82H
          LCALL    WRITE_COM
          MOV      DPTR,#CHINESE17
          LCALL    WRITE_HZ2
          MOV      A,#84H
          LCALL    WRITE_COM
          MOV      DPTR,#CHINESE40
          LCALL    WRITE_HZ3
          LCALL    DISPLCD
DPSZ1:    CLR      LED1
          JNB      KW1,DPOVER
          JNB      KW3,DPADD
          JNB      KW4,DPSUBB
          LJMP     DPSZ1
DPADD:    LCALL    CSDPADD
          LJMP     DPSZ1
DPSUBB:   LCALL    CSDPSUBB
          LJMP     DPSZ1
DPOVER:   JNB      KW1,DPOVER
          LCALL    SETUP
          MOV      A,#82H
          LCALL    WRITE_COM
          MOV      DPTR,#CHINESE17
          LCALL    WRITE_HZ2
          MOV      A,#84H
          LCALL    WRITE_COM
          MOV      DPTR,#CHINESE23
          LCALL    WRITE_HZ2
          MOV      A,#93H
          LCALL    WRITE_COM
          MOV      DPTR,#CHINESE24
          LCALL    WRITE_HZ2
          LCALL    DELAY1s
          LCALL    DELAY1s
          LCALL    DELAY1s
          LCALL    DELAY1s
```

```
                    SETB     LED1
                    SETB     EA
                    SETB     TR0
                    SETB     ET0
                    LJMP     FFSXZ

SPSZRET:            LCALL    DELAY10ms
                    JNB      KW2,SPSZRET
                    MOV      CON3,RCON3
                    MOV      CON2,RCON2
                    MOV      CON1,RCON1
                    MOV      CON0,RCON0
                    LJMP     FFSXZ
SPSZ:               MOV      RCON3,CON3
                    MOV      RCON2,CON2
                    MOV      RCON1,CON1
                    MOV      RCON0,CON0
                    CLR      EA
                    CLR      TR0
                    CLR      ET0
                    MOV      A,#80H                    ;初值
                    LCALL    WRITE_COM
                    MOV      DPTR,#CHINESE25
                    LCALL    WRITE_HZ3
                    MOV      A,#83H
                    LCALL    WRITE_COM
                    MOV      DPTR,#CHINESE18
                    LCALL    WRITE_HZ2
                    MOV      A,#85H
                    LCALL    WRITE_COM
                    MOV      DPTR,#CHINESE27
                    LCALL    WRITE_HZ2
                    LCALL    SZCSZ
                    SETB     EA
                    SETB     TR0
                    SETB     ET0
                    CLR      LED2
```

```
                MOV      GNCDT,#04H
                LCALL    SPSZ1
                LJMP     SZDIS9
SPSZ1:          MOV      PLSZT,#08H
                JNB      KW1,SZDIS6
                JNB      KW3,DIS7ADD
                JNB      KW4,DIS7SUBB
                JNB      KW2,SPSZRET
                LJMP     SPSZ1
DIS7ADD:        LCALL    DELAY10ms
                JNB      KW3,DIS7ADD
                MOV      A,DIS7
                LCALL    ADD1
                MOV      DIS7,A
                LJMP     SPSZ1
DIS7SUBB:       LCALL    DELAY10ms
                JNB      KW4,DIS7SUBB
                MOV      A,DIS7
                LCALL    SUBB1
                MOV      DIS7,A
                LJMP     SPSZ1

SZDIS6:         LCALL    DELAY10ms
                JNB      KW1,SZDIS6
SZDIS61:        MOV      PLSZT,#07H
                JNB      KW1,SZDIS5
                JNB      KW3,DIS6ADD
                JNB      KW4,DIS6SUBB
                JNB      KW2,SZDIS7
                LJMP     SZDIS61
SZDIS7:         LCALL    DELAY10ms
                JNB      KW2,SZDIS7
                LJMP     SPSZ1
DIS6ADD:        LCALL    DELAY10ms
                JNB      KW3,DIS6ADD
                MOV      A,DIS6
                LCALL    ADD1
```

```
                    MOV       DIS6,A
                    LJMP      SZDIS61
DIS6SUBB:           LCALL     DELAY10ms
                    JNB       KW4,DIS6SUBB
                    MOV       A,DIS6
                    LCALL     SUBB1
                    MOV       DIS6,A
                    LJMP      SZDIS61


SZDIS5:             LCALL     DELAY10ms
                    JNB       KW1,SZDIS5
SZDIS51:            MOV       PLSZT,#06H
                    JNB       KW1,SZDIS4
                    JNB       KW3,DIS5ADD
                    JNB       KW4,DIS5SUBB
                    JNB       KW2,SZDIS62
                    LJMP      SZDIS51
SZDIS62:            LCALL     DELAY10ms
                    JNB       KW2,SZDIS62
                    LJMP      SZDIS61
DIS5ADD:            LCALL     DELAY10ms
                    JNB       KW3,DIS5ADD
                    MOV       A,DIS5
                    LCALL     ADD1
                    MOV       DIS5,A
                    LJMP      SZDIS51
DIS5SUBB:           LCALL     DELAY10ms
                    JNB       KW4,DIS5SUBB
                    MOV       A,DIS5
                    LCALL     SUBB1
                    MOV       DIS5,A
                    LJMP      SZDIS51


SZDIS4:             LCALL     DELAY10ms
                    JNB       KW1,SZDIS4
SZDIS41:            MOV       PLSZT,#05H
                    JNB       KW1,SZDIS3
```

```
                JNB     KW3,DIS4ADD
                JNB     KW4,DIS4SUBB
                JNB     KW2,SZDIS52
                LJMP    SZDIS41
SZDIS52:        LCALL   DELAY10ms
                JNB     KW2,SZDIS52
                LJMP    SZDIS51
DIS4ADD:        LCALL   DELAY10ms
                JNB     KW3,DIS4ADD
                MOV     A,DIS4
                LCALL   ADD1
                MOV     DIS4,A
                LJMP    SZDIS41
DIS4SUBB:       LCALL   DELAY10ms
                JNB     KW4,DIS4SUBB
                MOV     A,DIS4
                LCALL   SUBB1
                MOV     DIS4,A
                LJMP    SZDIS41

SZDIS3:         LCALL   DELAY10ms
                JNB     KW1,SZDIS3
SZDIS31:        MOV     PLSZT,#04H
                JNB     KW1,SZDIS2
                JNB     KW3,DIS3ADD
                JNB     KW4,DIS3SUBB
                JNB     KW2,SZDIS42
                LJMP    SZDIS31
SZDIS42:        LCALL   DELAY10ms
                JNB     KW2,SZDIS42
                LJMP    SZDIS41
DIS3ADD:        LCALL   DELAY10ms
                JNB     KW3,DIS3ADD
                MOV     A,DIS3
                LCALL   ADD1
                MOV     DIS3,A
                LJMP    SZDIS31
```

```
DIS3SUBB:    LCALL    DELAY10ms
             JNB      KW4,DIS3SUBB
             MOV      A,DIS3
             LCALL    SUBB1
             MOV      DIS3,A
             LJMP     SZDIS31


SZDIS2:      LCALL    DELAY10ms
             JNB      KW1,SZDIS2
SZDIS21:     MOV      PLSZT,#03H
             JNB      KW1,SZDIS1
             JNB      KW3,DIS2ADD
             JNB      KW4,DIS2SUBB
             JNB      KW2,SZDIS32
             LJMP     SZDIS21
SZDIS32:     LCALL    DELAY10ms
             JNB      KW2,SZDIS32
             LJMP     SZDIS31
DIS2ADD:     LCALL    DELAY10ms
             JNB      KW3,DIS2ADD
             MOV      A,DIS2
             LCALL    ADD1
             MOV      DIS2,A
             LJMP     SZDIS21
DIS2SUBB:    LCALL    DELAY10ms
             JNB      KW4,DIS2SUBB
             MOV      A,DIS2
             LCALL    SUBB1
             MOV      DIS2,A
             LJMP     SZDIS21


SZDIS1:      LCALL    DELAY10ms
             JNB      KW1,SZDIS1
SZDIS11:     MOV      PLSZT,#02H
             JNB      KW1,SZDIS0
             JNB      KW3,DIS1ADD
             JNB      KW4,DIS1SUBB
```

```
                    JNB      KW2,SZDIS22
                    LJMP     SZDIS11
SZDIS22:            LCALL    DELAY10ms
                    JNB      KW2,SZDIS22
                    LJMP     SZDIS21
DIS1ADD:            LCALL    DELAY10ms
                    JNB      KW3,DIS1ADD
                    MOV      A,DIS1
                    LCALL    ADD1
                    MOV      DIS1,A
                    LJMP     SZDIS11
DIS1SUBB:           LCALL    DELAY10ms
                    JNB      KW4,DIS1SUBB
                    MOV      A,DIS1
                    LCALL    SUBB1
                    MOV      DIS1,A
                    LJMP     SZDIS11


SZDIS0:             LCALL    DELAY10ms
                    JNB      KW1,SZDIS0
SZDIS01:            MOV      PLSZT,#01H
                    JNB      KW1,SZDIS99
                    JNB      KW3,DIS0ADD
                    JNB      KW4,DIS0SUBB
                    JNB      KW2,SZDIS12
                    LJMP     SZDIS01
SZDIS12:            LCALL    DELAY10ms
                    JNB      KW2,SZDIS12
                    LJMP     SZDIS11
DIS0ADD:            LCALL    DELAY10ms
                    JNB      KW3,DIS0ADD
                    MOV      A,DIS0
                    LCALL    ADD1
                    MOV      DIS0,A
                    LJMP     SZDIS01
DIS0SUBB:           LCALL    DELAY10ms
                    JNB      KW4,DIS0SUBB
```

```
                MOV      A,DIS0
                LCALL    SUBB1
                MOV      DIS0,A
                LJMP     SZDIS01
SZDIS99:        LCALL    DELAY10ms
                JNB      KW1,SZDIS99
                RET


SZCSZ:          MOV      DIS7,#09H
                MOV      DIS6,#09H
                MOV      DIS5,#09H
                MOV      DIS4,#00H
                MOV      DIS3,#00H
                MOV      DIS2,#00H
                MOV      DIS1,#00H
                MOV      DIS0,#00H
                RET


SZDIS9:         CLR      EA
                CLR      TR0
                CLR      ET0
                LCALL    DISBCD_CON
                MOV      FCON3,CON3
                MOV      FCON2,CON2
                MOV      FCON1,CON1
                MOV      FCON0,CON0
                LCALL    SETUP
                MOV      A,#80H                    ; 增量
                LCALL    WRITE_COM
                MOV      DPTR,#CHINESE25
                LCALL    WRITE_HZ3
                MOV      A,#83H
                LCALL    WRITE_COM
                MOV      DPTR,#CHINESE18
                LCALL    WRITE_HZ2
                MOV      A,#85H
                LCALL    WRITE_COM
```

```
            MOV      DPTR,#CHINESE20
            LCALL    WRITE_HZ2
            LCALL    SZCSZ
            SETB     EA
            SETB     TR0
            SETB     ET0
            LCALL    SPSZ1
            CLR      EA
            CLR      TR0
            CLR      ET0
            LCALL    DISBCD_CON
            MOV      ZCON3,CON3
            MOV      ZCON2,CON2
            MOV      ZCON1,CON1
            MOV      ZCON0,CON0
            LCALL    SETUP
            MOV      A,#80H                          ;间隔
            LCALL    WRITE_COM
            MOV      DPTR,#CHINESE25
            LCALL    WRITE_HZ3
            MOV      A,#83H
            LCALL    WRITE_COM
            MOV      DPTR,#CHINESE18
            LCALL    WRITE_HZ2
            MOV      A,#85H
            LCALL    WRITE_COM
            MOV      DPTR,#CHINESE28
            LCALL    WRITE_HZ2
            MOV      GNCDT,#06H
            LCALL    SZCSZ
            MOV      DIS7,#00H
            MOV      DIS6,#00H
            SETB     EA
            SETB     TR0
            SETB     ET0
JGSZDIS5:   MOV      PLSZT,#06H
            JNB      KW1,JGSZDIS4
```

```
              JNB      KW3,JGDIS5ADD
              JNB      KW4,JGDIS5SUBB
              JNB      KW2,SPSZRET1
              LJMP     JGSZDIS5
SPSZRET1:     LJMP     SPSZRET
JGDIS5ADD:    LCALL    DELAY10ms
              JNB      KW3,JGDIS5ADD
              MOV      A,DIS5
              LCALL    ADD1
              MOV      DIS5,A
              LJMP     JGSZDIS5
JGDIS5SUBB:   LCALL    DELAY10ms
              JNB      KW4,JGDIS5SUBB
              MOV      A,DIS5
              LCALL    SUBB1
              MOV      DIS5,A
              LJMP     JGSZDIS5
JGSZDIS4:     LCALL    SZDIS4
              CLR      EA
              CLR      TR0
              CLR      ET0
              MOV      JDIS5,DIS5
              MOV      JDIS4,DIS4
              MOV      JDIS3,DIS3
              MOV      JDIS2,DIS2
              MOV      JDIS1,DIS1
              MOV      JDIS0,DIS0

              LCALL    SETUP
              MOV      A,#80H                      ;终值
              LCALL    WRITE_COM
              MOV      DPTR,#CHINESE25
              LCALL    WRITE_HZ3
              MOV      A,#83H
              LCALL    WRITE_COM
              MOV      DPTR,#CHINESE18
              LCALL    WRITE_HZ2
```

```
             MOV      A,#85H
             LCALL    WRITE_COM
             MOV      DPTR,#CHINESE29
             LCALL    WRITE_HZ2
             MOV      GNCDT,#04H
             LCALL    SZCSZ
             SETB     EA
             SETB     TR0
             SETB     ET0
             LCALL    SPSZ1
             CLR      EA
             CLR      TR0
             CLR      ET0
             LCALL    DISBCD_CON
             MOV      LCON3,CON3
             MOV      LCON2,CON2
             MOV      LCON1,CON1
             MOV      LCON0,CON0
             LCALL    SETUP
             MOV      A,#80H
             LCALL    WRITE_COM
             MOV      DPTR,#CHINESE22
             LCALL    WRITE_HZ2
             MOV      A,#82H
             LCALL    WRITE_COM
             MOV      DPTR,#CHINESE18
             LCALL    WRITE_HZ2
             MOV      A,#84H
             LCALL    WRITE_COM
             MOV      DPTR,#CHINESE40
             LCALL    WRITE_HZ3

SPJXZ:       MOV      CON3,FCON3
             MOV      CON2,FCON2
             MOV      CON1,FCON1
             MOV      CON0,FCON0
             LCALL    SEND9850
```

```
                LCALL     CON_DIS
                LCALL     DISPLCD
                LCALL     SPJGJS
                LCALL     SPZLJS
                CLR       C
                MOV       A,FCON3
                CJNE      A,LCON3,SPJXZ11
                LJMP      SPJXZ2
SPJXZ11:        JC        SPJXZ0
                LJMP      SPJXZ00


SPJXZ2:         CLR       C
                MOV       A,FCON2
                CJNE      A,LCON2,SPJXZ11
                LJMP      SPJXZ3
SPJXZ3:         CLR       C
                MOV       A,FCON1
                CJNE      A,LCON1,SPJXZ11
                LJMP      SPJXZ4
SPJXZ4:         CLR       C
                MOV       A,FCON0
                CJNE      A,LCON0,SPJXZ11
                LJMP      SPJXZ00
SPJXZ0:         LJMP      SPJXZ
SPJXZ00:        MOV       CON3,LCON3
                MOV       CON2,LCON2
                MOV       CON1,LCON1
                MOV       CON0,LCON0
                LCALL     SEND9850
                LCALL     CON_DIS
                LCALL     DISPLCD
                MOV       A,#80H
                LCALL     WRITE_COM
                MOV       DPTR,#CHINESE18
                LCALL     WRITE_HZ2
                MOV       A,#82H
                LCALL     WRITE_COM
```

```
                MOV      DPTR,#CHINESE23
                LCALL    WRITE_HZ2
                MOV      A,#84H
                LCALL    WRITE_COM
                MOV      DPTR,#CHINESE31
                LCALL    WRITE_HZ2
                MOV      A,#85H
                LCALL    WRITE_COM
                MOV      DPTR,#CHINESE24
                LCALL    WRITE_HZ2
                MOV      GNCDT,#07H
                SETB     EA
                SETB     TR0
                SETB     ET0
SPJSRET:        JNB      KW1,SPJXERT1
                LJMP     SPJSRET
SPJXERT1:       JNB      KW1,SPJXERT1
                CLR      EA
                CLR      TR0
                CLR      ET0
                LJMP     FFSXZ


SPJGJS:         INC      JDIS5
                INC      JDIS4
                INC      JDIS3
                INC      JDIS2
                INC      JDIS1
                INC      JDIS0
JG1:            DJNZ     JDIS5,JG11
JG2:            DJNZ     JDIS4,JG22
JG3:            DJNZ     JDIS3,JG33
JG4:            DJNZ     JDIS2,JG44
JG5:            DJNZ     JDIS1,JG55
JG6:            DJNZ     JDIS0,JG66
                RET
JG11:           LCALL    DELAY100s
                LJMP     JG1
```

```
JG22:        LCALL    DELAY10s
             LJMP     JG2
JG33:        LCALL    DELAY1s
             LJMP     JG3
JG44:        LCALL    DELAY100ms
             LJMP     JG4
JG55:        LCALL    DELAY10ms
             LJMP     JG5
JG66:        LCALL    DELAY1ms
             LJMP     JG6


SPZLJS:      CLR      C
             MOV      A,FCON0
             ADD      A,ZCON0
             MOV      FCON0,A
             MOV      A,FCON1
             ADDC     A,ZCON1
             MOV      FCON1,A
             MOV      A,FCON2
             ADDC     A,ZCON2
             MOV      FCON2,A
             MOV      A,FCON3
             ADDC     A,ZCON3
             MOV      FCON3,A
             RET
;加法程序
ADD1:        ADD      A,#01H
             CJNE     A,#0AH,ADD2
             CLR      A
ADD2:        RET
;减法程序
SUBB1:       SUBB     A,#01H
             CJNE     A,#0FFH,SUBB2
             MOV      A,#09H
SUBB2:       RET
```

```
TPSZ:        CLR     EA
             CLR     TR0
             CLR     ET0
             MOV     A,#80H
             LCALL   WRITE_COM
             MOV     DPTR,#CHINESE25
             LCALL   WRITE_HZ3
             MOV     A,#83H
             LCALL   WRITE_COM
             MOV     DPTR,#CHINESE19
             LCALL   WRITE_HZ2
             MOV     A,#85H
             LCALL   WRITE_COM
             MOV     DPTR,#CHINESE29
             LCALL   WRITE_HZ2
             CLR     LED3
             MOV     RCON3,CON3
             MOV     RCON2,CON2
             MOV     RCON1,CON1
             MOV     RCON0,CON0
             LCALL   SZCSZ
             MOV     GNCDT,#05H
             SETB    EA
             SETB    TR0
             SETB    ET0
             LCALL   SPSZ1
             CLR     EA
             CLR     TR0
             CLR     ET0
             LCALL   DISBCD_CON
             LCALL   SEND9850
             LCALL   CON_DIS
             LCALL   DISPLCD
             MOV     A,#80H
             LCALL   WRITE_COM
             MOV     DPTR,#CHINESE19
             LCALL   WRITE_HZ2
```

```
              MOV      A,#82H
              LCALL    WRITE_COM
              MOV      DPTR,#CHINESE23
              LCALL    WRITE_HZ2
              MOV      A,#84H
              LCALL    WRITE_COM
              MOV      DPTR,#CHINESE31
              LCALL    WRITE_HZ2
              MOV      A,#85H
              LCALL    WRITE_COM
              MOV      DPTR,#CHINESE24
              LCALL    WRITE_HZ2
              MOV      GNCDT,#08H
              SETB     EA
              SETB     TR0
              SETB     ET0
TPJSRET:      JNB      KW1,TPJSRET1
              LJMP     TPJSRET
TPJSRET1:     JNB      KW1,TPJSRET1
              SETB     LED3
              CLR      EA
              CLR      TR0
              CLR      ET0
              LJMP     FFSXZ


PZLXZ:        SETB     EA
              SETB     TR0
              SETB     ET0


              CLR      EA
              LCALL    SETUP
              SETB     EA


              CLR      LED3
              MOV      GNCDT,#03H
              MOV      XWZLT,#01H
PZLXZ1:       JNB      KW1,XWZLXZ
```

```
                    JNB     KW3,ZLRR
                    JNB     KW4,ZLRL
                    JNB     KW2,PZLXZRET
                    LJMP    PZLXZ1
    PZLXZRET:       JNB     KW2,PZLXZRET
                    SETB    LED3
                    CLR     EA
                    CLR     TR0
                    CLR     ET0
                    LJMP    GNCD1


    ZLRR:           JNB     KW3,ZLRR
                    MOV     A,XWZLT
                    CJNE    A,#01H,ZLRR1
                    MOV     XWZLT,#02H
                    LJMP    PZLXZ1
    ZLRR1:          CJNE    A,#02H,ZLRR2
                    MOV     XWZLT,#03H
                    LJMP    PZLXZ1
    ZLRR2:          CJNE    A,#03H,ZLRR3
                    MOV     XWZLT,#04H
                    LJMP    PZLXZ1
    ZLRR3:          CJNE    A,#04H,ZLRR4
                    MOV     XWZLT,#05H
                    LJMP    PZLXZ1
    ZLRR4:          MOV     XWZLT,#01H
                    LJMP    PZLXZ1


    ZLRL:           JNB     KW4,ZLRL
                    MOV     A,XWZLT
                    CJNE    A,#01H,ZLRL1
                    MOV     XWZLT,#05H
                    LJMP    PZLXZ1
    ZLRL1:          CJNE    A,#02H,ZLRL2
                    MOV     XWZLT,#01H
                    LJMP    PZLXZ1
    ZLRL2:          CJNE    A,#03H,ZLRL3
```

```
                MOV     XWZLT,#02H
                LJMP    PZLXZ1
ZLRL3:          CJNE    A,#04H,ZLRL4
                MOV     XWZLT,#03H
                LJMP    PZLXZ1
ZLRL4:          MOV     XWZLT,#04H
                LJMP    PZLXZ1
XWZLXZ:         JNB     KW1,XWZLXZ
                CLR     EA
                CLR     TR0
                CLR     ET0
                CLR     A
                MOV     PHASE,A
                LCALL   SETUP
                MOV     A,#80H
                LCALL   WRITE_COM
                MOV     DPTR,#CHINESE30
                LCALL   WRITE_HZ2
                MOV     A,#82H
                LCALL   WRITE_COM
                MOV     DPTR,#CHINESE20
                LCALL   WRITE_HZ2
                MOV     A,#90H
                LCALL   WRITE_COM
                MOV     DPTR,#CHINESE16
                LCALL   WRITE_HZ2
                MOV     A,#96H
                LCALL   WRITE_COM
                MOV     DPTR,#CHINESE26
                LCALL   WRITE_HZ1
                MOV     A,#92H
                LCALL   WRITE_COM
                MOV     DPTR,#CHINESE32
                LCALL   WRITE_HZ1
                MOV     A,XWZLT
                CJNE    A,#01H,XWZLXZ2
                LJMP    ZL180SZ
```

```
XWZLXZ2:    CJNE    A,#02H,XWZLXZ3
            LJMP    ZL90SZ
XWZLXZ3:    CJNE    A,#03H,XWZLXZ4
            LJMP    ZL45SZ
XWZLXZ4:    CJNE    A,#04H,XWZLXZ5
            LJMP    ZL225SZ
XWZLXZ5:    LJMP    ZL1125SZ


ZL180SZ:    MOV     A,#84H
            LCALL   WRITE_COM
            MOV     DPTR,#CHINESE34
            LCALL   WRITE_HZ2
            MOV     PHCON1,#04H;1125
            MOV     PHCON0,#65H;
            ;MOV    PHCON1,#46H;18000
            ;MOV    PHCON0,#50H;
ZL180SZ1:   JNB     KW1,PHOVER
            JNB     KW3,PH180ADD
            JNB     KW4,PH180SUBB
            LCALL   SEND9850PH
            LCALL   PHCON_DIS
            LCALL   PHDISPLCD
            LJMP    ZL180SZ1
PHOVER:     JNB     KW1,PHOVER
            CLR     EA
            LCALL   SETUP
            MOV     A,#82H
            LCALL   WRITE_COM
            MOV     DPTR,#CHINESE30
            LCALL   WRITE_HZ2
            MOV     A,#84H
            LCALL   WRITE_COM
            MOV     DPTR,#CHINESE23
            LCALL   WRITE_HZ2
            MOV     A,#93H
            LCALL   WRITE_COM
            MOV     DPTR,#CHINESE24
```

```
                    LCALL    WRITE_HZ2
                    LCALL    DELAY1s
                    LCALL    DELAY1s
                    LCALL    DELAY1s
                    LJMP     PZLXZ
PH180ADD:           JNB      KW3,PH180ADD
                    MOV      B,#10H
                    LCALL    ADDPH
                    LJMP     ZL180SZ1
PH180SUBB:          JNB      KW4,PH180SUBB
                    MOV      B,#10H
                    LCALL    SUBBPH
                    LJMP     ZL180SZ1


ADDPH:              MOV      A,PHASE
                    ADD      A,B
                    MOV      PHASE,A
                    CJNE     A,#20H,ADDPH1
                    CLR      A
                    MOV      PHASE,A
ADDPH1:             RET


SUBBPH:             CLR      C
                    MOV      A,PHASE
                    SUBB     A,B
                    MOV      PHASE,A
                    JC       SUBBPH2
                    RET
SUBBPH2:            CJNE     A,#0FFH,SUBBPH3
                    MOV      PHASE,#1FH
                    RET
SUBBPH3:            CJNE     A,#0FEH,SUBBPH4
                    MOV      PHASE,#1EH
                    RET
SUBBPH4:            CJNE     A,#0FCH,SUBBPH5
                    MOV      PHASE,#1CH
                    RET
```

```
SUBBPH5:     CJNE      A,#0F8H,SUBBPH6
             MOV       PHASE,#18H
             RET
SUBBPH6:     MOV       PHASE,#10H
             RET


PHCON_DIS:   MOV       R3,PHCON1
             MOV       R2,PHCON0
             MOV       R1,#00H
             MOV       R0,PHASE
             LCALL     MUL2BY2
             MOV       R3,#27H;10,000
             MOV       R2,#10H;
             LCALL     DIV4BY2
             MOV       PHDIS4,R4
             MOV       A,R1
             MOV       R5,A
             MOV       A,R0
             MOV       R4,A
             MOV       R3,#03H;1,000
             MOV       R2,#0E8H;
             LCALL     DIV4BY2
             MOV       PHDIS3,R4
             MOV       A,R1
             MOV       R5,A
             MOV       A,R0
             MOV       R4,A
             MOV       R3,#00H;100
             MOV       R2,#64H;
             LCALL     DIV4BY2
             MOV       PHDIS2,R4
             MOV       A,R1
             MOV       R5,A
             MOV       A,R0
             MOV       R4,A
             MOV       R3,#00H;10
```

```
                MOV     R2,#0AH;
                LCALL   DIV4BY2
                MOV     PHDIS1,R4
                MOV     PHDIS0,R0
                RET


PHDISPLCD:
                MOV     A,PHDIS4
                CJNE    A,#00H,PHDIS4PD
                MOV     PHDIS4,#0AH
                MOV     A,PHDIS3
                CJNE    A,#00H,PHDIS3PD
                MOV     PHDIS3,#0AH
                MOV     A,PHDIS2
                CJNE    A,#00H,PHDIS2PD
                MOV     PHDIS2,#0AH
                MOV     A,PHDIS1
                CJNE    A,#00H,PHDIS1PD
                MOV     PHDIS1,#0AH
                LJMP    PHDIS0PD


PHDIS4PD:       LJMP    PHLCD2
PHDIS3PD:       LJMP    PHLCD2
PHDIS2PD:       LJMP    PHLCD2
PHDIS1PD:       LJMP    PHLCD1
PHDIS0PD:       LJMP    PHLCD1


PHLCD2:         MOV     70H,PHDIS4
                MOV     71H,PHDIS3
                MOV     72H,PHDIS2
                MOV     73H,#0BH
                MOV     74H,PHDIS1
                MOV     75H,PHDIS0
                LJMP    PHDISPLAY


PHLCD1:         MOV     70H,PHDIS4
                MOV     71H,PHDIS3
```

```
                    MOV      72H,PHDIS2
                    MOV      73H,#0AH
                    MOV      74H,PHDIS1
                    MOV      75H,PHDIS0
                    LJMP     PHDISPLAY


PHDISPLAY:          MOV      A,#93H
                    LCALL    WRITE_COM
                    MOV      R1,#70H
                    MOV      DPTR,#TABLE
                    MOV      R2,#06H
                    MOV      A,#00H
PHMOVCLOP:          MOV      A,@R1
                    MOVC     A,@A+DPTR
                    LCALL    WRITE_DAT
                    INC      R1
                    DJNZ     R2,PHMOVCLOP
                    MOV      A,PHDIS4
                    CJNE     A,#0AH,RPHDIS1
                    MOV      PHDIS4,#00H
RPHDIS1:            MOV      A,PHDIS3
                    CJNE     A,#0AH,RPHDIS2
                    MOV      PHDIS3,#00H
RPHDIS2:            MOV      A,PHDIS2
                    CJNE     A,#0AH,RPHDIS3
                    MOV      PHDIS2,#00H
RPHDIS3:            MOV      A,PHDIS1
                    CJNE     A,#0AH,RPHDIS4
                    MOV      PHDIS1,#00H
RPHDIS4:            RET


ZL90SZ:             MOV      A,#84H
                    LCALL    WRITE_COM
                    MOV      DPTR,#CHINESE35
                    LCALL    WRITE_HZ2
                    MOV      PHCON1,#04H;1125
                    MOV      PHCON0,#65H;
```

```
            ;MOV     PHCON1,#23H;9000
            ;MOV     PHCON0,#28H;
ZL90SZ1:     JNB      KW1,PHOVER1
            JNB      KW3,PH90ADD
            JNB      KW4,PH90SUBB
            LCALL    SEND9850PH
            LCALL    PHCON_DIS
            LCALL    PHDISPLCD
            LJMP     ZL90SZ1

PH90ADD:     JNB      KW3,PH90ADD
            MOV      B,#08H
            LCALL    ADDPH
            LJMP     ZL90SZ1
PH90SUBB:    JNB      KW4,PH90SUBB
            MOV      B,#08H
            LCALL    SUBBPH
            LJMP     ZL90SZ1

ZL45SZ:      MOV      A,#84H
            LCALL    WRITE_COM
            MOV      DPTR,#CHINESE36
            LCALL    WRITE_HZ2
            MOV      PHCON1,#04H;1125
            MOV      PHCON0,#65H;
            ;MOV     PHCON1,#11H;4500
            ;MOV     PHCON0,#94H;
ZL45SZ1:     JNB      KW1,PHOVER1
            JNB      KW3,PH45ADD
            JNB      KW4,PH45SUBB
            LCALL    SEND9850PH
            LCALL    PHCON_DIS
            LCALL    PHDISPLCD
            LJMP     ZL45SZ1
PH45ADD:     JNB      KW3,PH45ADD
            MOV      B,#04H
            LCALL    ADDPH
```

```
              LJMP    ZL45SZ1
PH45SUBB:     JNB     KW4,PH45SUBB
              MOV     B,#04H
              LCALL   SUBBPH
              LJMP    ZL45SZ1
PHOVER1:      LJMP    PHOVER
ZL225SZ:      MOV     A,#84H
              LCALL   WRITE_COM
              MOV     DPTR,#CHINESE37
              LCALL   WRITE_HZ2
              MOV     PHCON1,#04H;1125
              MOV     PHCON0,#65H;
              ;MOV    PHCON1,#08H;2250
              ;MOV    PHCON0,#0CAH;
ZL225SZ1:     JNB     KW1,PHOVER1
              JNB     KW3,PH225ADD
              JNB     KW4,PH225SUBB
              LCALL   SEND9850PH
              LCALL   PHCON_DIS
              LCALL   PHDISPLCD
              LJMP    ZL225SZ1
PH225ADD:     JNB     KW3,PH225ADD
              MOV     B,#02H
              LCALL   ADDPH
              LJMP    ZL225SZ1
PH225SUBB:    JNB     KW4,PH225SUBB
              MOV     B,#02H
              LCALL   SUBBPH
              LJMP    ZL225SZ1

ZL1125SZ:     MOV     A,#84H
              LCALL   WRITE_COM
              MOV     DPTR,#CHINESE38
              LCALL   WRITE_HZ3
              MOV     PHCON1,#04H;1125
              MOV     PHCON0,#65H;
ZL1125SZ1:    JNB     KW1,PHOVER1
```

```
                    JNB       KW3,PH1125ADD
                    JNB       KW4,PH1125SUBB
                    LCALL     SEND9850PH
                    LCALL     PHCON_DIS
                    LCALL     PHDISPLCD
                    LJMP      ZL1125SZ1
PH1125ADD:          JNB       KW3,PH1125ADD
                    MOV       B,#01H
                    LCALL     ADDPH
                    LJMP      ZL1125SZ1
PH1125SUBB:         JNB       KW4,PH1125SUBB
                    MOV       B,#01H
                    LCALL     SUBBPH
                    LJMP      ZL1125SZ1


;设置闪烁中断
INTT0:              PUSH      ACC
                    PUSH      PSW
                    CLR       EA
                    CLR       TR0
                    CLR       ET0
                    MOV       TL0,#0B0H;50ms
                    MOV       TH0,#3CH; 定时
                    DJNZ      IT03,INTOUT
                    MOV       IT03,#06H
                    LJMP      SSWPD
INTOUT:             SETB      EA
                    SETB      TR0
                    SETB      ET0
                    POP       PSW
                    POP       ACC
                    RETI


SSWPD:              MOV       A,GNCDT
                    CJNE      A,#01H,SSWPD1
                    LJMP      SSMSPD
SSWPD1:             CJNE      A,#02H,SSWPD2
```

```
                LJMP     SSFSPD
SSWPD2:         CJNE     A,#03H,SSWPD3
                LJMP     SSXWPD
SSWPD3:         CJNE     A,#04H,SSWPD4
                LJMP     SSSPPD
SSWPD4:         CJNE     A,#05H,SSWPD5
                LJMP     SSTPPD
SSWPD5:         CJNE     A,#06H,SSWPD6
                LJMP     SSJGPD
SSWPD6:         CJNE     A,#07H,SSWPD7
                LJMP     SSFHPDS
SSWPD7:         LJMP     SSFHPDT


; 跳频闪

SSTPPD:         LJMP     SSSPPD
SSFHPDT:        LJMP     SSFHPDS


; 模式闪

SSMSPD:         MOV      A,MSXZT
                CJNE     A,#01H,SSMSPD1
                LJMP     SSMSF
SSMSPD1:        LJMP     SSMSPH


; 方式闪

SSFSPD:         LCALL    SSFSD2
                MOV      A,FSXZT
                CJNE     A,#01H,SSFSPD1
                LJMP     SSFSD
SSFSPD1:        CJNE     A,#02H,SSFSPD2
                LJMP     SSFSS
SSFSPD2:        LJMP     SSFST


; 增量闪

SSXWPD:         LCALL    SSXWD2
                MOV      A,XWZLT
                CJNE     A,#01H,SSXWPD1
                LJMP     SSXW180
```

```
SSXWPD1:    CJNE    A,#02H,SSXWPD2
            LJMP    SSXW90
SSXWPD2:    CJNE    A,#03H,SSXWPD3
            LJMP    SSXW45
SSXWPD3:    CJNE    A,#04H,SSXWPD4
            LJMP    SSXW225
SSXWPD4:    LJMP    SSXW1125
```

; 扫频闪

```
SSSPPD:     MOV     A,PLSZT
            CJNE    A,#01H,SSSPPD1
            LJMP    SSSP0
SSSPPD1:    CJNE    A,#02H,SSSPPD2
            LJMP    SSSP1
SSSPPD2:    CJNE    A,#03H,SSSPPD3
            LJMP    SSSP2
SSSPPD3:    CJNE    A,#04H,SSSPPD4
            LJMP    SSSP3
SSSPPD4:    CJNE    A,#05H,SSSPPD5
            LJMP    SSSP4
SSSPPD5:    CJNE    A,#06H,SSSPPD6
            LJMP    SSSP5
SSSPPD6:    CJNE    A,#07H,SSSPPD7
            LJMP    SSSP6
SSSPPD7:    LJMP    SSSP7
```

; 调间隔闪

```
SSJGPD:     LJMP    SSSPPD
```

; 扫调频返回闪

```
SSFHPDS:    CPL     00H
            JB      00H,SSFHPDS1
            MOV     A,#85H
            LCALL   WRITE_COM
            MOV     DPTR,#CHINESE24
            LCALL   WRITE_HZ2
            LJMP    INTOUT
```

```
SSFHPDS1:      MOV       A,#85H
               LCALL     WRITE_COM
               MOV       DPTR,#CHINESE31
               LCALL     WRITE_HZ2
               LJMP      INTOUT
```

; 模频闪

```
SSMSF:         CPL       00H
               JB        00H,SSMSF1
               MOV       A,#91H
               LCALL     WRITE_COM
               MOV       DPTR,#CHINESE15
               LCALL     WRITE_HZ2
               MOV       A,#95H
               LCALL     WRITE_COM
               MOV       DPTR,#CHINESE16
               LCALL     WRITE_HZ2
               LJMP      INTOUT
SSMSF1:        MOV       A,#91H
               LCALL     WRITE_COM
               MOV       DPTR,#CHINESE31
               LCALL     WRITE_HZ2
               MOV       A,#95H
               LCALL     WRITE_COM
               MOV       DPTR,#CHINESE16
               LCALL     WRITE_HZ2
               LJMP      INTOUT
```

; 模相闪

```
SSMSPH:        CPL       00H
               JB        00H,SSMSPH1
               MOV       A,#91H
               LCALL     WRITE_COM
               MOV       DPTR,#CHINESE15
               LCALL     WRITE_HZ2
               MOV       A,#95H
               LCALL     WRITE_COM
```

```
                MOV     DPTR,#CHINESE16
                LCALL   WRITE_HZ2
                LJMP    INTOUT
SSMSPH1:        MOV     A,#91H
                LCALL   WRITE_COM
                MOV     DPTR,#CHINESE15
                LCALL   WRITE_HZ2
                MOV     A,#95H
                LCALL   WRITE_COM
                MOV     DPTR,#CHINESE31
                LCALL   WRITE_HZ2
                LJMP    INTOUT


; 方点闪
SSFSD:          CPL     00H
                JB      00H,SSFSD1
                LCALL   SSFSD2
                LJMP    INTOUT


SSFSD2:         MOV     A,#80H
                LCALL   WRITE_COM
                MOV     DPTR,#CHINESE13
                LCALL   WRITE_HZ4
                MOV     A,#84H
                LCALL   WRITE_COM
                MOV     DPTR,#CHINESE32
                LCALL   WRITE_HZ1
                MOV     A,#85H
                LCALL   WRITE_COM
                MOV     DPTR,#CHINESE17
                LCALL   WRITE_HZ2
                MOV     A,#91H
                LCALL   WRITE_COM
                MOV     DPTR,#CHINESE18
                LCALL   WRITE_HZ2
                MOV     A,#94H
                LCALL   WRITE_COM
```

```
              MOV     DPTR,#CHINESE19
              LCALL   WRITE_HZ2
              RET

SSFSD1:       MOV     A,#85H
              LCALL   WRITE_COM
              MOV     DPTR,#CHINESE31
              LCALL   WRITE_HZ2
              LJMP    INTOUT

SSFSS:        CPL     00H
              JB      00H,SSFSS1
              LCALL   SSFSD2
              LJMP    INTOUT

SSFSS1:       MOV     A,#91H
              LCALL   WRITE_COM
              MOV     DPTR,#CHINESE31
              LCALL   WRITE_HZ2
              LJMP    INTOUT

SSFST:        CPL     00H
              JB      00H,SSFST1
              LCALL   SSFSD2
              LJMP    INTOUT
SSFST1:       MOV     A,#94H
              LCALL   WRITE_COM
              MOV     DPTR,#CHINESE31
              LCALL   WRITE_HZ2
              LJMP    INTOUT

SSXWD2:       MOV     A,#80H
              LCALL   WRITE_COM
              MOV     DPTR,#CHINESE20
              LCALL   WRITE_HZ2
              MOV     A,#82H
              LCALL   WRITE_COM
```

```
            MOV     DPTR,#CHINESE26
            LCALL   WRITE_HZ2
            MOV     A,#84H
            LCALL   WRITE_COM
            MOV     DPTR,#CHINESE34
            LCALL   WRITE_HZ2
            MOV     A,#86H
            LCALL   WRITE_COM
            MOV     DPTR,#CHINESE35
            LCALL   WRITE_HZ1
            MOV     A,#90H
            LCALL   WRITE_COM
            MOV     DPTR,#CHINESE36
            LCALL   WRITE_HZ2
            MOV     A,#92H
            LCALL   WRITE_COM
            MOV     DPTR,#CHINESE37
            LCALL   WRITE_HZ2
            MOV     A,#94H
            LCALL   WRITE_COM
            MOV     DPTR,#CHINESE38
            LCALL   WRITE_HZ3
            RET


SSXW180:    CPL     00H
            JB      00H,SSXW1801
            LCALL   SSXWD2
            LJMP    INTOUT
SSXW1801:   MOV     A,#84H
            LCALL   WRITE_COM
            MOV     DPTR,#CHINESE31
            LCALL   WRITE_HZ2
            LJMP    INTOUT


SSXW90:     CPL     00H
            JB      00H,SSXW901
            LCALL   SSXWD2
```

```
                LJMP      INTOUT
SSXW901:        MOV       A,#86H
                LCALL     WRITE_COM
                MOV       DPTR,#CHINESE31
                LCALL     WRITE_HZ2
                LJMP      INTOUT


SSXW45:         CPL       00H
                JB        00H,SSXW451
                LCALL     SSXWD2
                LJMP      INTOUT
SSXW451:        MOV       A,#90H
                LCALL     WRITE_COM
                MOV       DPTR,#CHINESE31
                LCALL     WRITE_HZ2
                LJMP      INTOUT


SSXW225:        CPL       00H
                JB        00H,SSXW2251
                LCALL     SSXWD2
                LJMP      INTOUT
SSXW2251:       MOV       A,#92H
                LCALL     WRITE_COM
                MOV       DPTR,#CHINESE31
                LCALL     WRITE_HZ2
                LJMP      INTOUT


SSXW1125:       CPL       00H
                JB        00H,SSXW11251
                LCALL     SSXWD2
                LJMP      INTOUT
SSXW11251:      MOV       A,#94H
                LCALL     WRITE_COM
                MOV       DPTR,#CHINESE31
                LCALL     WRITE_HZ3
                LJMP      INTOUT
```

; 设置频率闪

```
SSSP7:      CPL     00H
            JB      00H,SSSP71
            LCALL   DISPLCD
            LJMP    INTOUT
SSSP71:     MOV     SSDIS,DIS7
            MOV     DIS7,#0AH
            LCALL   DISPLCD
            MOV     DIS7,SSDIS
            LJMP    INTOUT
SSSP6:      CPL     00H
            JB      00H,SSSP61
            LCALL   DISPLCD
            LJMP    INTOUT
SSSP61:     MOV     SSDIS,DIS6
            MOV     DIS6,#0AH
            LCALL   DISPLCD
            MOV     DIS6,SSDIS
            LJMP    INTOUT
SSSP5:      CPL     00H
            JB      00H,SSSP51
            LCALL   DISPLCD
            LJMP    INTOUT
SSSP51:     MOV     SSDIS,DIS5
            MOV     DIS5,#0AH
            LCALL   DISPLCD
            MOV     DIS5,SSDIS
            LJMP    INTOUT
SSSP4:      CPL     00H
            JB      00H,SSSP41
            LCALL   DISPLCD
            LJMP    INTOUT
SSSP41:     MOV     SSDIS,DIS4
            MOV     DIS4,#0AH
            LCALL   DISPLCD
            MOV     DIS4,SSDIS
            LJMP    INTOUT
```

```
SSSP3:      CPL     00H
            JB      00H,SSSP31
            LCALL   DISPLCD
            LJMP    INTOUT
SSSP31:     MOV     SSDIS,DIS3
            MOV     DIS3,#0AH
            LCALL   DISPLCD
            MOV     DIS3,SSDIS
            LJMP    INTOUT
SSSP2:      CPL     00H
            JB      00H,SSSP21
            LCALL   DISPLCD
            LJMP    INTOUT
SSSP21:     MOV     SSDIS,DIS2
            MOV     DIS2,#0AH
            LCALL   DISPLCD
            MOV     DIS2,SSDIS
            LJMP    INTOUT
SSSP1:      CPL     00H
            JB      00H,SSSP11
            LCALL   DISPLCD
            LJMP    INTOUT
SSSP11:     MOV     SSDIS,DIS1
            MOV     DIS1,#0AH
            LCALL   DISPLCD
            MOV     DIS1,SSDIS
            LJMP    INTOUT
SSSP0:      CPL     00H
            JB      00H,SSSP01
            LCALL   DISPLCD
            LJMP    INTOUT
SSSP01:     MOV     SSDIS,DIS0
            MOV     DIS0,#0AH
            LCALL   DISPLCD
            MOV     DIS0,SSDIS
            LJMP    INTOUT
```

```
;************************************************
;              频率值转换为控制字                      ;
;************************************************
DISBCD_CON:
DISD_BCD:   MOV     L7,#00H
            MOV     L6,#00H
            MOV     L5,#00H
            MOV     L4,DIS7
            MOV     L3,#00H ;10,000,000
            MOV     L2,#98H ;10,000,000
            MOV     L1,#96H ;10,000,000
            MOV     L0,#80H ;10,000,000
            LCALL   MUL4BY4
            MOV     CON0,R0
            MOV     CON1,R1
            MOV     CON2,R2
            MOV     CON3,R3

            MOV     L7,#00H
            MOV     L6,#00H
            MOV     L5,#00H
            MOV     L4,DIS6
            MOV     L3,#00H ;1,000,000
            MOV     L2,#0FH ;1,000,000
            MOV     L1,#42H ;1,000,000
            MOV     L0,#40H ;1,000,000
            LCALL   MUL4BY4
            LCALL   DISBCD_CONADD

            MOV     L7,#00H
            MOV     L6,#00H
            MOV     L5,#00H
            MOV     L4,DIS5
            MOV     L3,#00H ;100,000
            MOV     L2,#01H ;100,000
            MOV     L1,#86H ;100,000
            MOV     L0,#0A0H;100,000
```

```
        LCALL     MUL4BY4
        LCALL     DISBCD_CONADD

        MOV       L7,#00H
        MOV       L6,#00H
        MOV       L5,#00H
        MOV       L4,DIS4
        MOV       L3,#00H ;10,000
        MOV       L2,#00H ;10,000
        MOV       L1,#27H ;10,000
        MOV       L0,#10H ;10,000
        LCALL     MUL4BY4
        LCALL     DISBCD_CONADD

        MOV       L7,#00H
        MOV       L6,#00H
        MOV       L5,#00H
        MOV       L4,DIS3
        MOV       L3,#00H ;1,000
        MOV       L2,#00H ;1,000
        MOV       L1,#03H ;1,000
        MOV       L0,#0E8H;1,000
        LCALL     MUL4BY4
        LCALL     DISBCD_CONADD

        MOV       L7,#00H
        MOV       L6,#00H
        MOV       L5,#00H
        MOV       L4,DIS2
        MOV       L3,#00H ;100
        MOV       L2,#00H ;100
        MOV       L1,#00H ;100
        MOV       L0,#64H ;100
        LCALL     MUL4BY4
        LCALL     DISBCD_CONADD

        MOV       L7,#00H
```

```
            MOV       L6,#00H
            MOV       L5,#00H
            MOV       L4,DIS1
            MOV       L3,#00H ;10
            MOV       L2,#00H ;10
            MOV       L1,#00H ;10
            MOV       L0,#0AH ;10
            LCALL     MUL4BY4
            LCALL     DISBCD_CONADD

            MOV       L7,#00H
            MOV       L6,#00H
            MOV       L5,#00H
            MOV       L4,DIS0
            MOV       L3,#00H ;1
            MOV       L2,#00H ;1
            MOV       L1,#00H ;1
            MOV       L0,#01H ;1
            LCALL     MUL4BY4
            LCALL     DISBCD_CONADD


DIS_CON:
            MOV       L7,CON3
            MOV       L6,CON2
            MOV       L5,CON1
            MOV       L4,CON0
            ;MOV      L3,#00H ;10,000
            ;MOV      L2,#00H ;10,000
            ;MOV      L1,#27H ;10,000
            ;MOV      L0,#10H ;10,000
            MOV       L3,#00H   ;100,000
            MOV       L2,#01H   ;100,000
            MOV       L1,#86H   ;100,000
            MOV       L0,#0A0H ;100,000
            LCALL     MUL4BY4
```

```
    ;MOV      L7,#00H ;291   AD9850 晶振 125MHz
    ;MOV      L6,#00H ;291   AD9850 晶振 125MHz
    ;MOV      L5,#01H ;291   AD9850 晶振 125MHz
    ;MOV      L4,#23H ;291   AD9850 晶振 125MHz
    MOV       L7,#00H ;1164  AD9850 晶振 50MHz
    MOV       L6,#00H ;1164  AD9850 晶振 50MHz
    MOV       L5,#04H ;1164  AD9850 晶振 50MHz
    MOV       L4,#8CH ;1164  AD9850 晶振 50MHz
    LCALL     DIV8BY4


    MOV       CON3,R3
    MOV       CON2,R2
    MOV       CON1,R1
    MOV       CON0,R0


    RET



DISBCD_CONADD:
    MOV       A,CON0
    ADD       A,R0
    MOV       CON0,A

    MOV       A,CON1
    ADDC      A,R1
    MOV       CON1,A

    MOV       A,CON2
    ADDC      A,R2
    MOV       CON2,A

    MOV       A,CON3
    ADDC      A,R3
    MOV       CON3,A
    RET
```

```
;*****************************************************
;                控制字转换为频率                      ;
;*****************************************************
CON_DIS:
        MOV       L7,CON3
        MOV       L6,CON2
        MOV       L5,CON1
        MOV       L4,CON0
        ;MOV      L3,#00H ;291   AD9850 晶振 125MHz
        ;MOV      L2,#00H ;291   AD9850 晶振 125MHz
        ;MOV      L1,#01H ;291   AD9850 晶振 125MHz
        ;MOV      L0,#23H ;291   AD9850 晶振 125MHz
        MOV       L3,#00H ;1164 AD9850 晶振 50MHz
        MOV       L2,#00H ;1164 AD9850 晶振 50MHz
        MOV       L1,#04H ;1164 AD9850 晶振 50MHz
        MOV       L0,#8CH ;1164 AD9850 晶振 50MHz
        LCALL     MUL4BY4
        ;MOV      L7,#00H ;10,000
        ;MOV      L6,#00H ;10,000
        ;MOV      L5,#27H ;10,000
        ;MOV      L4,#10H ;10,000
        MOV       L7,#00H  ;100,000
        MOV       L6,#01H  ;100,000
        MOV       L5,#86H  ;100,000
        MOV       L4,#0A0H ;100,000
        LCALL     DIV8BY4

        LCALL     JWPD

        MOV       R7,#00H
        MOV       R6,#00H
        MOV       R5,#00H
        MOV       R4,#00H
        MOV       L7,#00H ;10,000,000
        MOV       L6,#98H ;10,000,000
        MOV       L5,#96H ;10,000,000
        MOV       L4,#80H ;10,000,000
```

```
        LCALL    DIV8BY4
        MOV      DIS7,R0


        MOV      R7,#00H
        MOV      R6,#00H
        MOV      R5,#00H
        MOV      R4,#00H
        MOV      R3,L3
        MOV      R2,L2
        MOV      R1,L1
        MOV      R0,L0
        MOV      L7,#00H  ;1,000,000
        MOV      L6,#0FH  ;1,000,000
        MOV      L5,#42H  ;1,000,000
        MOV      L4,#40H  ;1,000,000
        LCALL    DIV8BY4
        MOV      DIS6,R0


        MOV      R7,#00H
        MOV      R6,#00H
        MOV      R5,#00H
        MOV      R4,#00H
        MOV      R3,L3
        MOV      R2,L2
        MOV      R1,L1
        MOV      R0,L0
        MOV      L7,#00H  ;100,000
        MOV      L6,#01H  ;100,000
        MOV      L5,#86H  ;100,000
        MOV      L4,#0A0H;100,000
        LCALL    DIV8BY4
        MOV      DIS5,R0


        MOV      R7,#00H
        MOV      R6,#00H
        MOV      R5,#00H
        MOV      R4,#00H
```

```
        MOV     R3,L3
        MOV     R2,L2
        MOV     R1,L1
        MOV     R0,L0
        MOV     L7,#00H ;10,000
        MOV     L6,#00H ;10,000
        MOV     L5,#27H ;10,000
        MOV     L4,#10H ;10,000
        LCALL   DIV8BY4
        MOV     DIS4,R0

        MOV     R7,#00H
        MOV     R6,#00H
        MOV     R5,#00H
        MOV     R4,#00H
        MOV     R3,L3
        MOV     R2,L2
        MOV     R1,L1
        MOV     R0,L0
        MOV     L7,#00H ;1,000
        MOV     L6,#00H ;1,000
        MOV     L5,#03H ;1,000
        MOV     L4,#0E8H;1,000
        LCALL   DIV8BY4
        MOV     DIS3,R0

        MOV     R7,#00H
        MOV     R6,#00H
        MOV     R5,#00H
        MOV     R4,#00H
        MOV     R3,L3
        MOV     R2,L2
        MOV     R1,L1
        MOV     R0,L0
        MOV     L7,#00H ;100
        MOV     L6,#00H ;100
        MOV     L5,#00H ;100
```

```
         MOV      L4,#64H ;100
         LCALL    DIV8BY4
         MOV      DIS2,R0

         MOV      R7,#00H
         MOV      R6,#00H
         MOV      R5,#00H
         MOV      R4,#00H
         MOV      R3,L3
         MOV      R2,L2
         MOV      R1,L1
         MOV      R0,L0
         MOV      L7,#00H ;10
         MOV      L6,#00H ;10
         MOV      L5,#00H ;10
         MOV      L4,#0AH ;10
         LCALL    DIV8BY4
         MOV      DIS1,R0
         MOV      R7,#00H
         MOV      R6,#00H
         MOV      R5,#00H
         MOV      R4,#00H
         MOV      R3,L3
         MOV      R2,L2
         MOV      R1,L1
         MOV      R0,L0
         MOV      L7,#00H ;1
         MOV      L6,#00H ;1
         MOV      L5,#00H ;1
         MOV      L4,#01H ;1
         LCALL    DIV8BY4
         MOV      DIS0,R0
         RET

JWPD:    MOV      DIS3,R3
         MOV      DIS2,R2
         MOV      DIS1,R1
```

```
              MOV        DIS0,R0
              MOV        R7,#00H
              MOV        R6,#00H
              MOV        R5,#00H
              MOV        R4,#00H
              MOV        R3,L3
              MOV        R2,L2
              MOV        R1,L1
              MOV        R0,L0
              MOV        L7,#00H ;1,000
              MOV        L6,#00H ;1,000
              MOV        L5,#03H ;1,000
              MOV        L4,#0E8H;1,000
              LCALL      DIV8BY4
              MOV        A,R0
              CLR        C
              CJNE       A,#05H,JWPD1
JWPD1:        JC         BJW
              MOV        A,DIS0
              ADD        A,#01H
              MOV        DIS0,A
              MOV        A,DIS1
              ADDC       A,#00H
              MOV        DIS1,A
              MOV        A,DIS2
              ADDC       A,#00H
              MOV        DIS2,A
              MOV        A,DIS3
              ADDC       A,#00H
              MOV        DIS3,A
BJW:          MOV        R3,DIS3
              MOV        R2,DIS2
              MOV        R1,DIS1
              MOV        R0,DIS0
              RET
```

```
;*****************************************************
;                   两字节无符号数乘法程序                    ;
;*****************************************************
;R3R2*R1R0=R7R6R5R4
MUL2BY2:    CLR      A
            MOV      R7,A
            MOV      R6,A
            MOV      R5,A
            MOV      R4,A
            MOV      2FH,#10H
MULLOOP1:   CLR      C
            MOV      A,     R4
            RLC      A
            MOV      R4,    A
            MOV      A,     R5
            RLC      A
            MOV      R5,    A
            MOV      A,     R6
            RLC      A
            MOV      R6,    A
            MOV      A,     R7
            RLC      A
            MOV      R7,    A
            MOV      A,     R0
            RLC      A
            MOV      R0,    A
            MOV      A,     R1
            RLC      A
            MOV      R1,    A
            JNC      MULLOOP2
            MOV      A,R4
            ADD      A,R2
            MOV      R4,A
            MOV      A,R5
            ADDC     A,R3
            MOV      R5,A
            MOV      A,R6
```

```
           ADDC      A,#00H
           MOV       R6,A
           MOV       A,R7
           ADDC      A,#00H
           MOV       R7,A
MULLOOP2:  DJNZ      2FH,MULLOOP1
           RET
;*****************************************************
;              四字节无符号数乘法程序                 ;
;*****************************************************
;L7L6L5L4*L3L2L1L0=
;R7R6R5R4R3R2R1R0
MUL4BY4:   CLR   A
           MOV   R7,   A
           MOV   R6,   A
           MOV   R5,   A
           MOV   R4,   A
           MOV   R3,   A
           MOV   R2,   A
           MOV   R1,   A
           MOV   R0,   A

           MOV   2FH, #20H
MUL44LOOP1: CLR  C
           MOV   A,   R0
           RLC   A
           MOV   R0,  A
           MOV   A,   R1
           RLC   A
           MOV   R1,  A
           MOV   A,   R2
           RLC   A
           MOV   R2,  A
           MOV   A,   R3
           RLC   A
           MOV   R3,  A
           MOV   A,   R4
```

```
        RLC     A
        MOV     R4,     A
        MOV     A,      R5
        RLC     A
        MOV     R5,     A
        MOV     A,      R6
        RLC     A
        MOV     R6,     A
        MOV     A,      R7
        RLC     A
        MOV     R7,     A


        MOV     A,      L0
        RLC     A
        MOV     L0,     A
        MOV     A,      L1
        RLC     A
        MOV     L1,     A
        MOV     A,      L2
        RLC     A
        MOV     L2,     A
        MOV     A,      L3
        RLC     A
        MOV     L3,     A


        JNC     MUL44LOOP2


        MOV     A,      R0
        ADD     A,      L4
        MOV     R0,     A
        MOV     A,      R1
        ADDC    A,      L5
        MOV     R1,     A
        MOV     A,      R2
        ADDC    A,      L6
        MOV     R2,     A
```

```
                MOV     A,    R3
                ADDC    A,    L7
                MOV     R3,   A


                MOV     A,    R4
                ADDC    A,    #00H
                MOV     R4,   A
                MOV     A,    R5
                ADDC    A,    #00H
                MOV     R5,   A
                MOV     A,    R6
                ADDC    A,    #00H
                MOV     R6,   A
                MOV     A,    R7
                ADDC    A,    #00H
                MOV     R7,   A
MUL44LOOP2:     DJNZ    2FH,  MUL44LOOP1
                RET
;****************************************************
;*            四字节／两字节无符号数除法程序            *
;****************************************************
;R7R6R5R4/R3R2=R7R6R5R4（商）...R1R0（余数）
DIV4BY2:    MOV     2FH,  #20H
            MOV     R0,   #00H
            MOV     R1,   #00H
DIVLOOP1:   MOV     A,    R4
            RLC     A
            MOV     R4,   A
            MOV     A,    R5
            RLC     A
            MOV     R5,   A
            MOV     A,    R6
            RLC     A
            MOV     R6,   A
            MOV     A,    R7
            RLC     A
            MOV     R7,   A
```

```
        MOV    A,    R0
        RLC    A
        MOV    R0,   A
        MOV    A,    R1
        RLC    A
        MOV    R1,   A
        CLR    C
        MOV    A,    R0
        SUBB   A,    R2
        MOV    B,    A
        MOV    A,    R1
        SUBB   A,    R3
        JC     DIVLOOP2
        MOV    R0,   B
        MOV    R1,   A
DIVLOOP2: CPL   C
        DJNZ   2FH,  DIVLOOP1
        MOV    A,    R4
        RLC    A
        MOV    R4,   A
        MOV    A,    R5
        RLC    A
        MOV    R5,   A
        MOV    A,    R6
        RLC    A
        MOV    R6,   A
        MOV    A,    R7
        RLC    A
        MOV    R7,   A
        RET
;****************************************************
;            八字节／四字节无符号数除法程序              ;
;****************************************************
;R7R6R5R4R3R2R1R0/L7L6L5L4=R7R6R5R4R3R2R1R0（商）
;L3L2L1L0（余数）
DIV8BY4:   MOV    2FH,  #40H
           MOV    L0,   #00H
```

```
                MOV    L1,    #00H
                MOV    L2,    #00H
                MOV    L3,    #00H
        DIV84LOOP1:
                MOV    A,     R0
                RLC    A
                MOV    R0,    A
                MOV    A,     R1
                RLC    A
                MOV    R1,    A
                MOV    A,     R2
                RLC    A
                MOV    R2,    A
                MOV    A,     R3
                RLC    A
                MOV    R3,    A
                MOV    A,     R4
                RLC    A
                MOV    R4,    A
                MOV    A,     R5
                RLC    A
                MOV    R5,    A
                MOV    A,     R6
                RLC    A
                MOV    R6,    A
                MOV    A,     R7
                RLC    A
                MOV    R7,    A
                MOV    A,     L0
                RLC    A
                MOV    L0,    A
                MOV    A,     L1
                RLC    A
                MOV    L1,    A
                MOV    A,     L2
                RLC    A
                MOV    L2,    A
```

```
                MOV     A,    L3
                RLC     A
                MOV     L3,   A
                CLR     C
                MOV     A,    L0
                SUBB    A,    L4
                MOV     29H,  A
                MOV     A,    L1
                SUBB    A,    L5
                MOV     2AH,  A
                MOV     A,    L2
                SUBB    A,    L6
                MOV     2BH,  A
                MOV     A,    L3
                SUBB    A,    L7
                MOV     2CH,  A
                JC      DIV84LOOP2
                MOV     L0,   29H
                MOV     L1,   2AH
                MOV     L2,   2BH
                MOV     L3,   2CH
DIV84LOOP2:     CPL     C
                DJNZ    2FH,  DIV84LOOP1
                MOV     A,    R0
                RLC     A
                MOV     R0,   A
                MOV     A,    R1
                RLC     A
                MOV     R1,   A
                MOV     A,    R2
                RLC     A
                MOV     R2,   A
                MOV     A,    R3
                RLC     A
                MOV     R3,   A
                MOV     A,    R4
                RLC     A
```

```
        MOV    R4,   A
        MOV    A,    R5
        RLC    A
        MOV    R5,   A
        MOV    A,    R6
        RLC    A
        MOV    R6,   A
        MOV    A,    R7
        RLC    A
        MOV    R7,   A
        RET
        END
```

附录 2: 设计实物图片